你的物品，是你的内心

一位心理治疗师的手记

安 静 / 著

Your Stuff,
Your Self

商务印书馆
The Commercial Press

本书原由三联书店(香港)有限公司以书名
《物品的语言——心理治疗师的手记》出版,
现经由原出版公司授权商务印书馆在中国内地独家出版、发行。

涵芬楼文化出品

序

这是一本心理治疗师的手记

记得在香港大学读辅导学硕士时，一位我十分尊敬的老师曾说过一件往事。她提到在英国时，曾处理过一个自恋型人格障碍的来访者，这男子总是穿着一件整齐的T恤，头发梳得一丝不苟，长相不俗，而且散发出一种迷人的魅力。然而，这男子却是一个纵火狂。因为自恋，所以自以为是地觉得纵火也不会被发现，甚至是对法制的一种挑衅。那时候我对于老师口中的这位来访者的装扮，印象特别深刻。我们形容一个人的时候，总不免会对一个人的外表衣着、所使用的物品等做描述，以便对此人有更清晰与深刻的了解。

自此之后,我总是特别留意来访者的衣着装扮,发现不同的个性及职业的确有着不同的穿戴模式。渐渐我也留意到他们身上的物品,发现每个人用的物品,总会散发着一种跟来访者内心很相似的味道。后来,我去日本学习整理术,成立断舍离义工服务小组,提供义务的上门整理服务,那时真的大开眼界,发现原来一个人的家、家中的物品,竟然与当事人的心理状况有着如此紧密的关联。

但由于相关的专门研究极少,大多只是针对囤积癖或强迫症患者的家居,坊间的整理收纳师,往往又只是吹捧断舍离和整理术有多好,对于物品与心理或心灵的关系,没有很深刻的表述。于是我将自己的所见所闻及心理治疗的心得,整理成这本书。

不是为了治疗前来的来访者

我早年做网台节目时,也许因为曝光率比较高,因此遇到过一些不是纯然前来求助的客人。其中有一位,他似乎是想来展示他的魅力,而多于来求助。他很聪明,对于前来的真正目的只字不提,每次到来均说着自己的成长故事,一切看似正常。然而一般前来的求助者,除了头几次会比较在意自己的外表、穿得比较好之外,慢慢就会穿得比较随便。因为熟络了,而且"又不是要见什么特别的人",会面又是在私密的场所,除非来之前或之后有特别活动,又或上下班,否则不会刻意打扮,而关系要好的客人,就更会展露最真实的一面,连衣着装扮也是。

但那位男士则很特别,每次来都会精心打扮,说话也经过包装。例如人们说到自己的工作时,一般的客人会说出自己的内心世界,即使某些地方很成功,但仍然坦白地表示觉得自己很差或不安之类;而这位男士则像在社交场合交际应酬般,尽说着自己的风光史。他以一副"压倒性的姿态",坐在治疗室的长椅上,仿佛高高在上。他漫不经心地说自己煮得一手好菜,很巧妙地暗示想邀请我到他家共进晚餐,却在字眼上丝毫没有挑明。离开时,还想有一个"礼貌性"的拥抱。当然，我也礼貌地表示自身的专业不适合跟客人拥抱。

他努力地展现自己迷人的一面，极力掩饰内心的企图，我察觉到他总是拿着一个跟他不相衬的高级真皮手提包，看似整洁的衣服上有不少的皱褶，他还有明显的驼背，脸上浮肿，显然常喝酒晚睡，双目无神却不时浮现一点狡黠，呈现出内心的空洞及别有所图。当他展露那自以为迷人的笑容时，肩部的肌肉却显得特别生硬。显然他"能成功吸引女性"的经历并不多，因为魅力，是一种由心而散发出来的自信，每一个表情动作都恰恰在最吸引人的时候转换与呈现。但他并没有多大的自信，故此那呈现出来的"魅力"就像一杯放久了已经酸臭的牛奶。

我问他过往的情史，在辅导室中很难完全不谈这些经历。他说自己曾爱上一名很迷人但背景、学历、收入、地位都比他高出很多的女子。他用的那个跟他本人的气场格格不入的高级真皮手提包，就是某次走过名店，那女子站在橱窗前，不停地说很漂亮，并叫他"买来见人"的。他曾经有一段日子幻想自己与这"女神"般的女子共堕爱河，提及女子对他展现过的暧昧行为时，他也对于自己是否曾得到过她的芳心感到迷惑。在他开始主动采取攻势时，女子却刻意和他疏远。这种内心的不甘和嫉妒的情绪时常出现，于是他开始在交友APP上找对象。虽没有刻意说出真正的意图，但明显他每次"相中"的女子，所罗列的背景都颇为优秀。简单来说，比他优秀。

通常每位前来的客人，对于成长及改变都有很大的包容度，因为他们平时最缺乏的往往不只是支持，而是有没有人跟他们说真心话，又或是成长期中欠缺长辈教育他们如何面对逆境及内在的情绪。每个人都有缺点，每个人都有值得改善和进步之处，每个人都渴望成为一个被他人认同和接纳，以及更优秀的人。每一个人，都渴望拥有更快乐和幸福的人生。

因此每当谈及对方在人生中值得改善的地方时，一般的客人往往都是衷心地聆听，并加以自省。然而，那些不是真正为了成长而前来的客人，对这样的建议，就会显得异常抗拒。

因为内心拒绝,他无法进入催眠状态,做了梦也没有刻意记住,也不愿意谈及身体的疾病,因为有病的男人"显得不够有魅力"。就在我束手无策的时候,我想到可以请他下次前来带一件物品,而这件物品对他生命来说,要有一种辉煌又美好的回忆,因为这样能够呈现他自信的一面。下一次会面时,他开开心心地带来了一块玉佩,这玉佩是小时候某次父亲痛打他一顿后,婆婆为了让他"镇住不好的东西"、帮他用心考试而挂在他身上的,那天婆婆还带他去商店买玩具。结果他考试考得很好,这玉佩仿佛真能替他"挡煞"。每当生命遇上不好的事情,他就会将其挂在身上。他说了好几件辉煌的往事之后,渐渐说到自己的家庭。他母亲出生在富裕家庭,父亲只是个普通的打工仔,一直被母亲看不起,常被骂没用;而他自己也常被打得很凶,因为他读书怎样都达不到精英的标准。后来,母亲扔下他们父子俩改嫁了。

"这玉佩,与其说是婆婆送给你的,不如说是你想念妈妈的一样物品吧。"我说。有些人，不会表达，甚至不懂得心里的爱，他无法说服自己去原谅抛下自己和父亲的母亲，因此用一样和母亲有密切关联的物品，来储存他内心柔软的部分。

"这玉佩，婆婆说我妈也戴过的。"他轻声说，"算是一件传家之宝吧。"

"你发现了吗？"我说，"你在重复你父亲的命运。"

他愕然地望向我。

"别再去挑战那些不适合你的女生了。不甘心的爱，只会迎来痛苦，因为女生要的是踏实的真心啊。而你想要的，是幸福吧。"我说。

那天之后，他再也没有来了。过了好久，有次我收到他的短信，他说他做了一个梦，梦里他在收拾东西，把家里的物品都整理了一遍，打扫干净厕所和厨房，婆婆、爸爸、妈妈来访，说这里很小但很舒服啊。梦中的父母依旧已经离婚了，妈妈也不像以前的妈妈，没有以前那种高高在上的感觉，只是一个普通的妈妈。在梦里，婆婆说妈妈还为他带来了入伙礼物,是她亲手煲的一碗汤。

醒来后,他下定决心把家里都收拾一遍,还去街市买了材料,煲了一锅汤,叫了母亲上来喝。

当你真心渴求一样东西时

我总是想写一些关于物品的东西。做心理治疗时,来访者身上所有的细节,无论是表情、语气、说话内容、身体或心理的不适、成长背景、家庭背景,还是潜意识的信息,通通都是有用的信息,连身上穿的衣服、留的发型、戴的首饰、使用的物品,通通都是透视对方内心的真实情报。

记得之前跟不同国籍的朋友吃饭,其中一位是记者。他说心理治疗这行,收几千元一两个小时,听的是真话;而记者收几十块钱的最低工资,往往听见的却是假话。这似乎是句酸话,但实际上我听见的,是内心一声声的叹息。世上每一个人都有自身的故事,我也深信,在不同场合无法说真话的人,也必定有内心柔软的部分。就像上述的个案一样。

我总是听见很多做心理辅导、心理治疗的朋友，说了解一个人好难。于是我根据多年来在来访者及学生身上所了解的案例，以及对物品方面的观察，加上整理收纳方面的知识，写成这一本心得。这并不是一本天书，也请别像《周公解梦》一样，单以某件物品的状态去判断一个人。要了解一个人，不能仅凭武断且自以为是的想法，而是要搜集大量信息后，培养聆听他人心声的一种能力。而我，还在不断学习及精进这一种能力。

我总是提醒学生们，在成长的过程中，千万别因为尝到了一点甜头，被别人赞美得脑袋发热后，便自以为是地判断别人。

我希望这本书是一本分享工作见闻的手记，和同行的朋友、喜欢整理收纳的朋友交换心得。就像小时候，大家会交换日记来看一样。从别人的日记中，别人的故事中，懵懂地窥见另一个世界，开阔眼界。书中也许还有很多不足的地方。将每一种物品的模式拆开来表述，就像是将一

你的物品，是你的内心

个人的手脚和器官分开描述，会让人对个别部分有较清晰的理解，然而同样也有一个严重的缺陷，就是很难看见一个人的整体状态和原貌。但正如西医有西医的精细度，中医有中医的整全度，没有哪一个最好，只是在不同的角度。

万物皆有灵。当你渴望看见一个人真正的内心和灵魂，便会发现他整个世界，都布满了他灵魂的碎片。借用《牧羊少年奇幻之旅》中的一句话："当你真心渴望某样东西时，整个宇宙都会联合起来帮助你完成。"

渴望别人疗愈，渴望别人幸福，也是一样。

安静

2022年6月

备注：为保护来访者私隐，书中案例的角色和内容都经过修改及调整。

目 录

001 **第一章** 物品和心理的关系

003 物品是潜意识的投射
006 整理收纳的好处
013 真正的主角不是物品,而是你

023 **第二章** 物品,呈现着你的过去、现在、将来

026 物品透露着"当下的你"的状态
028 物品的"情绪",透露着拥有者的情绪
030 物品中,藏着你仍然"执着的过去"
040 物品呈现你"在乎的将来"
045 物品,是过去、现在与将来的混合

| 053 | **第三章** | **物品的语言** |

057　灰　尘
064　数　量
071　伤　痕
079　修　复
085　姿　态
090　情　绪

| 093 | **第四章** | **物品的价值** |

095　外在的价值、内在的价值
098　给自己一个期限
100　空洞的幸福
103　价值的错觉
109　减少重复物品，令时间变多
111　免费的东西最昂贵
113　善用时间，提升价值
117　混　沌
119　拥有者

123　礼　物
126　给自己的礼物

131　第五章 ｜ 恰当的位置

137　人生中最重要的场所：家
139　家的位置
141　一个人在家中的位置
144　定位的需要

149　第六章 ｜ 好风好水

153　"顺"的关键
155　动线的重要性
158　移动的动线
161　物品的流动，心的流动，生命的流动
163　整理，是整理自己的内在世界
166　整理床铺能改变世界

171　参考资料

第一章

物品和心理的关系

物品是潜意识的投射

心理学大师荣格有一句著名的话:"潜意识如果没有进入意识,就会引导你的人生而成为你的命运。"

那些在潜意识中没有被觉知到的东西,由于"自动操作"的关系,它会导引你到一个以为无法理解或控制的方向(其实不然),因为无知,因为不知不觉,因为无法觉察,所以人们便以为这就是他们的命运。

很多埋藏在潜意识深处的创伤、感情、心结、经验,让我们的人生走上不同的道路。正如一辆自动导航的车,按着车主的习惯而行驶,平时都是由家驶到公司,但某天车主想要到海边走走,却没有觉察到车子安装了"工作比放假更重要"的指令,那么即使想休息，车子还是把主人送到公司去。

这是不是和很多在假期时仍然工作的你很相似呢？

我们活着的世界，无一不是潜意识的显化，无一不和潜意识有关。正如近十多年来令人趋之若鹜的吸引力法则，其实也只是潜意识的另一种解读方式。

我常常被来访者及学生们问到一句话："我明明不想不幸，我明明很想幸福，怎么你们却说不幸是我自己吸引回来的？"当我们明白荣格上面的话时，这句话就不难理解了。

物品，是人们活着的必需品。无论多么贫困的人，也会拥有属于自己的物品。香港居住地方狭小，但网购的花费却极高，即使没有足够的空间，还是要填满物品。可以看出人们心灵多久空虚，多么渴望被满足，然而他们却并不自知。

绝大部分的人都不懂得心理分析、催眠和解梦，那么如何才能发现自己潜意识中藏着什么会影响自身命运，却又难以觉察的东西呢？我会说，那就翻出你

第一章 | 物品和心理的关系

的物品吧。

整理术,在经过山下英子[1]的断舍离及近藤麻理惠[2]的心动人生整理术洗礼后,时至今日,整理收纳能够改变一个人的内心状态甚至人生,都已经是公认的事实。同时,物品折射出一个人内心与人生的状态,已不再是一件只有福尔摩斯才能参得透的事情。

---

1 山下英子,《断舍离》一书作者,人生整理概念"断舍离"的创始人。——编者注
2 近藤麻理惠,《怦然心动的人生整理魔法》一书作者,日本知名家庭内务整理专家。——编者注

整理收纳的好处

整理收纳、清洁等能有助人们改善情绪,而且十分减压。

美国普林斯顿大学的研究员麦克梅因斯和卡斯特纳(McMains & Kastner, 2011)发现杂乱无章的生活环境会令一个人专注力大降,因为人们的视觉皮层(Visual Cortex)被不同的物品所干扰,令人们想集中注意力去做一件事的难度大增,完成事件的效率也大大降低。此外,萨克斯比(Saxbe, etc, 2010)在《个性与社会心理学公报》(*Personality and Social Psychology Bulletin*)上曾刊登关于女性抑郁状况的研究,表示家中混乱且有许多未完成的家务的女性,比拥有舒适家居的女性,更易出现疲倦及抑郁的症状,皮质醇也偏高。

第一章 | 物品和心理的关系

重新获得人生的掌控感

我遇过很多来求助的来访者,但归纳起来,求助的原因只有一个——就是无助。他们不知道怎么办,人生有些东西无法掌控,自己的情绪无法掌控,爱人的反应无法掌控,健康无法掌控,将来也无法掌控。种种的失控与失调,令一个人不知所措。几乎所有求助的人,内心都对于掌控重要的东西有一分强烈的失落感。

这时,其实可以想想,不如去做一下家务。

这可不是开玩笑的。

萨克斯比的上述研究亦指出,做家务可使人增加对环境的掌控感,从而提高自信心。当清洁时,其实是为生活的环境保持着一种控制权,有能力让不好的、肮脏的、不想要的东西离开,有能力拥有喜欢的、干净的、整齐的东西及环境。

康涅狄格大学的朗和谢弗(Lang & Shaver, 2015)

在其研究中也表示，人们在压力大的时候，往往会去做些需要不断重复的行为，而清洁打扫则是常见的一种，因为可以让人有种能够掌握与掌控的感觉。

同时，家居的混乱也呈现着内心的失序，清洁整理仿佛让我们的心也在整理出一些秩序，是一种潜意识的自我调节机制，也许在整理物品时，也能为自己人生的失序整理出一些秩序来。

因此，重复的动作及活动，有着令人思想变得更平静的作用，甚至有镇静的效果。

物品的减法，心灵的加法

囤积症研究的国际级专家兰迪·弗罗斯特博士（Frost, 2010）曾表示，囤积症患者往往呈现专注力不足而且选择困难的状况，同时会因为觉得自己记忆力欠佳而自信低落，这些都非常常见。然而，兰迪博士表示，其实囤积症患者的记忆力非常好，甚至比一般人还要聪明。因为他们需要记住数十万件，甚至更多东西的存放位置及内容，只是因为数量太多所以无法好好记住而已。就像人计算的速度本来就无法和计算机相比，但因为希望能做到和计算机一样快速和精准，所以会感到自信心低落，然而比起一般人，已经超出人们的平均水平了。

每一件未做完的事、每一件未了的心事，都在我们心中留有一个位置，也占据着一定的资源。

即使只是一本未看完的书、一个未回复的信息、一番未能说出口的话、一段未能释怀的心事。通通，都是"未竟之事"。

整理，是让该离开的离开

人生像一条川流不息的河流，时间不会停止，只会不停流逝，但凡流过之处，必留痕迹。然而生命随着时间而流逝时，人们的心智往往跟不上进度，因此，想要留住在过去的人和事，用情感来抓紧那些已然不复存在的东西。这些单向的情感,就是我们的执念。

很多朋友,明明知道深爱的人不爱自己,明明知道辉煌的日子已成过去,明明有些东西早已经不喜欢了,但仍然没有好好处理。岁月,蒙蔽了眼睛,积下了灰尘;那些被时间侵蚀的心情,却随着岁月的流逝而腐朽。

在心理治疗中有一种疗法称为EMDR(Eye Movement Desensitization and Reprocessing),即快速眼动疗法,通过眼睛横向的左右移动,能帮助来访者的负面情绪大大舒缓。听上去很奇怪和无稽,但有科学文献及研究能充分证明其疗效[威尔逊、巴克尔和廷克(Wilson, Becker & Tinker, 1995, 1997)]。究其原因,当一个人悲伤或痛苦时,会无法控制地停留或被困在某些痛苦的情绪之中,然而当一个人一直向前走时,人脑部的杏仁核会受到压抑,情绪便无法停留,脑部同时分泌出多巴胺(一种令人产生愉悦及幸福感的物质),故此情绪就会大幅度好转。

当一个人一直向前走时,眼球就是横向移动的。故此在治疗室中,我们虽然无法和来访者进行走路练习,但简单地透过横向的眼动练习,便能有助其舒缓负面情绪。

因此,若能"顺应天命",以及随着人原始的本性、时间的流逝,让该离开的物品离开,同时让该离开自己生命的人、事、物离开,让自己前行,就会如顺着风在海上航行,一路顺风。

整理,是让能量最大化

"完美放弃的确很踏实",陈奕迅的歌曲《淘汰》中有这样一句歌词,讲的是一个人放弃一段没结果的恋情后,那感觉原来很踏实。相信不少经历过失恋或失婚的朋友,又或在一段纠缠的关系中离开的朋友,都有这种感觉。

上文谈过,一个人的注意力其实很有限,东西太多(即使不过是物品)会严重分散我们潜意识的能量,所以家中囤积很多物品的人，经常出现眼神涣散、精神无法集中、觉得疲累及许多的不满足感。其实我没有遇到过一个囤积者是对自己或生活感到满意的。反之，感到痛苦的却占大多数。可见物品的数量并无法令其感到满足，反而更像有一个无底的空洞，怎样填也填不满。

当然了，因为空洞存在于内心，靠现实世界的物品又怎能把它填满？

然而，当现实中的东西被整理好了，而当事人又在整理的过程中觉察到内心真正的"黑洞"是什么的时候，无论是现实世界，还是心灵世界，都会摆脱那浮沙一般的沼泽。当然，另一个方法是去接受正式的心理治疗。

即使没有囤积癖的朋友，当大家把消耗自己的东西放下了，当心不再消耗，就能慢慢回复到最佳状态。把拖垮、拖累、拖曳着自己的人、事、物都摆脱掉，向自己的未来踏出新的一步，新的、更好的东西才能进入自己的生命。

真正的主角不是物品，而是你

从物品上看到自己

很多人对整理都有一个误解，以为整理就只是"执屋"（收拾屋子）而已，因此习惯有工人帮助的朋友们，总是会把整理的任务交托给别人。然而，整理，并不是收拾东西那么简单。执屋或收拾给人的感觉，就只是把垃圾丢掉、把东西摆放整齐、清洁好地方，仅此而已。那为什么专业的整理收纳师每小时的服务收费可达过千港元？就是因为专业整理师并不是佣人，而是一个帮助来访者"透过物品看见自己、整理自己，从而改写人生"的人。

我们总是有一种错觉，觉得"物品"是"身外物"，与自己无关。而事实上，每一件物品，能够被留下来或被使用，通通都必须通过一个重要的人——物品的主人。每一件我们拥有的物品，都蕴含着我们的选择、喜好、思想、感情及其随着岁月而生的变化。而物品被珍惜、使用、存放、遗忘、忽略、囤积、舍弃等等的状况，通通都呈现出一个人对于周围事物的习惯、思维及潜意识的反应，甚至反映出所受的创伤。

正如我们对待亲人时，总是较易发脾气，而对外人却总是比对亲人客气。在外的谦谦君子，可能是家中的暴君；在外衣着光鲜的人，却可能是家徒四壁。家，是人们放下防范、真正做自己的地方。世上没有一个人能够二十四小时戴着伪装的面具。有些无法完全做自己，或在做自己时会感到人生威胁的人，往往会发展出另一个人格，用以应付这些生命的难关。这也是多重人格形成的原因之一。

而家中常用的物品，就像我们的亲人。人总在细微不觉之处呈现出真正的自己,因此,物品甚至比亲人更能呈现出一个人真正的内在世界。

因为人总是防范人,但不会防范没有丝毫杀伤力,而且在其手中掌控的物品。

故此,整理不只是收拾打扫。收拾打扫只是一种处理物品的方法,但整理收纳,真正处理的主角,却是你自己。

一沙一世界,一花一天堂

我很喜欢英国诗人布莱克的诗《天真的预言》:

> 一粒沙里有一个世界,
> 一朵花里有一个天堂,
> 把无限握在掌心之中,
> 刹那,却彰显着永恒。

我们总是说思想不可触摸、心态难以掌握、情感不易操控、选择难以取舍。然而这些恍如无形的心理状态，除了可以通过专业人士的心理分析而得以表达之外，其实无时无刻不在我们的物品之中呈现出来。

思考练习：

1.有没有试过有人把你的东西丢掉（往往是家人或吵架时的情人）时，你感到被侵犯、会愤怒而且觉得难以接受？

2.有没有试过在整理旧物时，尘封的回忆袅袅升起，然后便坠入了对往事的回想中，甚至无法继续整理下去？

3.有没有试过当生命转了一个弯，走上新的人生之路时，你使用的东西都变得不一样了？

以上种种，都只有一个原因：因为物品，是我们的一部分。

第一章 | 物品和心理的关系

物品是你的一部分：橡胶手错觉

外国有一个很著名的实验，称为"橡胶手错觉"，是由都灵和米兰大学的研究团队被刊登在学术期刊 *eLife* 上的实验，他们将一只橡胶手安放于24名实验人员面前，这手仿真度极高，恍如真人的手。而受试者自己的手则被隔在一块板后面，受试者是看不到的。假如只从正面去看，大家会有种错觉，以为那只橡胶手就是受试者真实的手，连受试者自己也会产生同样的错觉。

研究人员同时用刷子轻扫真手和假手，一次又一次的刺激后，由于受试者只能看到假手，会开始将两只手的感觉"联系"起来。渐渐地，即使研究人员没有触碰真手，而只触碰假手，受试者也会感觉到真手被触碰或刺激。

这种看似不合乎生物学、医学逻辑的现象，就称为"橡胶手错觉"。

人类的大脑是视觉与触觉同步进行的，当我们看见有东西碰到我们的手时，手便会产生感觉，这是很平常的。因此，"看见就感觉到"其实是大脑的自动反应。

在橡胶手实验中，真手被触摸时，大脑的信号会降低，仿佛大脑将其抑制了，"选择"去相信看见的假手才是传信号的一方，将视觉合理化。

研究人员指出："如果我相信这只手是我的手，大脑就会完成信息的自动保存。"

由此可见，"相信"是最重要的元素。当我看见那些无法丢弃东西的人时，我总是不期然地想起"橡胶手错觉"实验。

囤积癖患者的身上，往往呈现出对物品有一种令旁人难以理解的、不合乎逻辑的依恋。甚至，要他们丢东西像是割掉了他们中的某一部分，导致他们呈现出一种奇异的心痛，那心痛仿佛是生命中无法割舍的某部分。

也许，他们大脑中也出现了"橡胶手错觉"？因为生命中有些东西无法拥有，也许就像他们的肢体一样重要的东西，故此不自觉地用了这些物品作为代偿。

情感保存

囤积癖患者对不肯扔掉的东西总是有一种"将来会用得到"的幻想，然而在数以千万件物品中，能找出来而用得到，那可能性根本微乎其微。

而往往，在囤积癖患者的生命故事里，不难找到情绪的淤积，有无法放下的情感往事。而这些物品，仿佛记载着这些情感的某部分。例如某来访者家中堆满了过世丈夫的遗物，无法丢弃，因为每件物品都记载着她丈夫活着时的回忆，也是她未能释怀的感情。这些物品，仿佛是她丈夫还存活在这世上、仍在她生命之中的一种证明，即是她深深地感受到属于自己人生的一个重要部分。

能力保存

在囤积癖患者家中，其囤积的物品必定有某个种类的数量异常庞大。我记得有一位家中放了大量书籍和纸张的来访者，当我进他家门时，在一张摆放得非常整齐的桌上，看见一张非常干净的大学毕业照；而这张桌上的东西，他说是妈妈的，跟整间屋的杂乱情况有着异乎寻常的对比。来访者喜欢知识，我问到那数以十万计的纸张（多是街头散发的宣传单页及写了字的纸）有什么用，他总说会用作将来整理资料，写一些东西以帮助别人。他的衣服不多、物品不多，唯独书和纸最多，多得连书柜都被压坏了、用不了。这恍如他的脑袋和心灵，因为想吸纳大量的知识，反而不懂得如何处理。同时，我也相信他是无法提起劲儿去处理和整理的。

一般人也有时会觉得某本书有用，买了回来却一直没有阅读，丢掉又舍不得，总是觉得有一天会用上、有一天会读完,结果日复一日,还是没有进展。书页开始变黄,又或堆了灰尘,每次看到心里又觉得有点难过。

囤积者把不能丢弃的物品,视为生命中所失去部分的"化身",正如橡胶手起到的"信息保存"作用,物品仿佛也有种"情感保存"或"能力保存"的作用。

第二章
物品，呈现着你的过去、现在、将来

只要我们活着，就会有需要使用的物品。昨天有、今天有，明天还在呼吸的话，也会有。在不同的时间，物品与人们形影不离。身上穿着的衣服、吃进嘴巴的食物，甚至呼吸的空气——是海边的空气、森林里的清新气息、工厂的污染废气、口罩中自己的口气，还是医院呼吸机的氧气？

因此物品，呈现着我们的过去、现在、将来。

物品透露着"当下的你"的状态

当下的我们,是由过去的回忆、现在的状况和对将来的期盼组合而成。一个人,不会只有现在,必定还有过去与将来。而家居的状态,尤其是自己的房间及私人空间的状态,往往呈现出一个人"当下的状态"。一个人最在乎的东西,必定被放在当眼处,而这些物品是被整齐放置,还是杂乱无章,就透露出当事人的内在状态。

我在网络上曾看见一位女星(她可真够勇敢),公开其房间被衣物所堆积,特大号的床上也是堆满衣物,能睡的地方只有那半米多宽,而化妆台上布满护肤品和化妆品。可见她是一个注重外表的人,然而,她根本不知道自己每天这样生活是为了什么。

人们常用的东西,最能呈现出一个人当下的内心世界。就以回家把东西乱丢来说,一个爱惜物品的人是不会这样做的。一个爱惜自己的人,也很少会这样做,甚至很少会让四周有许多东西包围着自己。因为爱惜自己,就不会愿意身上的衣服被压皱,或者压久了发出异味及滋生细菌,也不会让自己睡在一张乱七八糟的床上,影响夜间的睡眠质量。单单是健康及卫生这一环,就已经有很多对健康不利的因素了。

物品的"情绪",透露着拥有者的情绪

物品会有情绪吗?很多人会觉得物品不过是一件死物,没有生命的东西又怎么会有情绪呢?但其实,我们接触过的物品,都会记载着我们使用过它、对待它时的状况。当你生气的时候,假如你是拿着一支很普通的圆珠笔,你可能会不自觉狠狠地把它拍在桌面上;但假如你拿着的是一只昂贵的瓷杯,你即使再生气,多半也会极力去忍耐。这就是物品有没有被珍惜和重视的反射性行为。

因此,只要看看一个人使用的物品,尤其是在不同场所使用的随身物品,便可约略窥探到一个人的情绪状态。

以办公室为例,一个人若对此地留有感情或归属感,大多会放置一些私人物品在工位上,而且使用的物品也会比较有价值。若一个人很少或没有任何私人物品放置在办公室,那就是有一种"随时不用回来"或"毫不留恋"的姿态。大家可能也会留意到,通常打算辞职或已经递了辞职信的同事,桌上的私人物品会日渐减少,对公司活动或同事聚会等的参与度也会逐渐降低。

物品中,藏着你仍然"执着的过去"

一个无法割舍过去的人,家中大多会存有许许多多已过保质期或过度囤积的物品。其实一个人的某一两类物品数量特别多,甚至有收藏癖是正常的,但太多没有用而被堆积的物品,尤其是被遗忘但无法丢弃的物品,必定有其特殊的"价值",或许是金钱上的价值,或许是心理上的价值。

举例来说,曾有一位来访者,家里有许许多多的纸张书籍,堆满整个居所,连睡觉的床也只剩一半位置。纸张多数是传单或教会单张,有些已积存长达十多年,然而每当他读到纸上的文字,便感觉无法割舍。那些书籍,固然代表了对知识的渴求、对能力与被认同感的渴求,而那些积存的单张,则是将知识透过个人能力整合与输出,而成为一件"产品"或"作品"。

不少人内心都总是积存着一些淤塞的东西,就像一种障碍,又或一些知道或不知道的心结,令当事人停滞在某种状态,就像上述的来访者,因为长年无法产出作品,而成为一种持续的、明知如此却无法改变的状态。

囤积是由淤塞而来,淤塞是由心结而来。

心结,往往就是某种放不下的过去、某种执念、某种因无明而生的业。当然,也有可能是因为创伤、思念、痛苦而来。

被隐藏的情绪

在无法丢弃的物品之中,往往可以透视出当事人内心被隐藏或压抑着的情绪。记得我中学时候没有多少零用钱,但我却有一种买笔的癖好,一直到三十来岁某次搬家，那时初习得整理术，于是把家中所有笔凑在一起，数一数，藏笔竟达上千支之多！

我从小喜欢文学，写得一手流丽的好文章。记得小时候，有朋友说我很适合做心理学家，在治疗室中听人说话，记得那时是中四吧？但其实，那时候我觉得自己应该没那么厉害呢。那时候的我，最想做的，是一个作家。

父亲早逝，书籍是我学会如何做人的地方，就像是父亲的替代品。从小我就觉得，假如我能够有父亲，教我做人的道理、教我理财投资、教我男人是什么东西，那就好了。我总是很羡慕那些有父荫的同学朋友。

因为书看得很海量，所以中文就自然好起来。爸爸写得一手流丽的瘦金体，我对他最亲密的记忆，也就是我小学的时候，他在阳台上，捉着我的小手，教我写过一个美丽的"丽"字。

我对美的感觉、对文字的热爱，也许就是源自爸爸在阳台上看书、看报纸、陪我做功课，以及教我写过这一个美丽的"丽"字。

成长之后,我凭借对于文字的热爱,当上了出版社的编辑。但是,我总觉得自己怀才不遇。直至我偷偷地把自己写的小说拿去参加比赛,得到了第一届豆瓣阅读征文大赛的冠军。我还记得参加比赛的人来自世界各地,而参加的人数很特别,是2222人。

仿佛是上天特别安排似的。

收藏很多笔,就是因为我总是想写一手好字。老实说,我自己写的字,丑得有时我也看不懂。然后,演化成写得一手好文字(章)。因为父亲教我写字,因为我把书籍当成父亲,所以,我就对笔产生了一种特殊的情结,直至我的文字、文章得到认同,就像被父亲认同了一样,才解开了对藏笔的心结。

自此之后,我断舍离了大量的笔,我对笔那种莫名的情感仍在,然而已没有那种不断买笔、不断藏笔的瘾头了。

有时候，爱藏得很深

假如一个人心里有某个人存在，我肯定，在此人的家里，必有属于或代表此人的物品存在。即使可能被放在一个毫不起眼的角落，一个甚至连他自己都可能已经遗忘了的角落。

记得小时候，父母亲、婆婆的东西都是存放在月饼盒里的，那个月饼盒通常放在床底下某个箱子或是某个柜子里，安然地待着。随着时日远去，那些尘封的记忆也被遗忘了。我记得某次，我妈不知从哪里拿出一张老旧发黄的照片，那是她和初恋情人的照片。那一年，她十五岁，笑得羞涩；那男生，好高大英俊。

我妈年轻时，原来好漂亮的啊。有一种特殊的魅力，难怪当年会有星探找她。

像是购物单据、商品的包装袋、过期的报章杂志，这些不带感情又已经没用的东西，我们通常很轻易地便能割舍。割不掉的，通常只有三个原因：一是有用（或以为有用），一是喜欢，一是有感情。

因此，一样东西即使只是漂亮，若能令空间变得更美好，这就算是有用。而有些东西即使平平无奇，但看见却令人心情愉悦，这就是喜欢。

但有些东西，既没有用，也平平无奇，甚至破了、旧了，但你仍舍不得丢弃，那就是有感情了。我家猫咪"月饼"有一个狐狸公仔玩具，是我妈妈送的，月饼一开始的时候不屑一顾，我妈好几次来都会抱怨月饼不玩狐狸公仔。后来不知何时开始，我发现狐狸身上满是伤痕。隔了一段时间，狐狸体内的毛毛都冒出来了。我妈说不如把它丢了吧，破成这样。我说不要，可以的话请你把它补一下好吗？妈妈唠叨了一会儿，还是拿回去把它修好了。

月饼是因为喜欢小狐狸，才会叼着它走到这儿走到那儿，和它玩耍。我想，它是知道这是婆婆送给它的玩伴，月饼很喜欢婆婆呢。

连猫咪都会懂得去因为某人而爱惜一样东西，更何况是人呢。

害怕失去

我想每个人的人生之中,或多或少都出现过某些遗憾。我们一路成长,学习得失,学习舍得与舍不得,这是一条漫漫长路。经历过许多的痛楚,跌倒过,才明白走过来的人生道理。

也许,在过去的某一年,你曾经因为任性而失去了重要的人、事、物;也许,你仍不甘心;也许你仍思念但说不出口,或已经没有机会再说出口;也许,你根本连自己多么渴望不想失去,也不敢去承认。

但其实,这些都是爱啊。

那些你舍不得丢弃的物品,就是你内心害怕失去的原因,因为当中记载了你那些无法回头的遗憾。

我记得有一位来访者,她把前任男友的东西都丢弃了,因为前任不再理睬她。然而,她心里其实很清楚,当时那么年轻的自己,对着前任是多么的任性,是那些霸道与伤害,令他渐渐死心。我们年轻的时候,

第二章 | 物品，呈现着你的过去、现在、将来

总是以为失去了也没什么打紧，然而，走过了许多个年头之后，才发现当时的自己是多么的天真和狠心，竟把自己身边最好的人，狠心地推开，甚至把一段感情摧毁掉。

那些曾经不以为然的东西，那些随手丢弃的礼物和回忆，遂变成一种遗憾。当她某次整理东西，发现原来前任赠送给她的手绳，一直被藏在首饰盒的最深处。她因为这手绳不值钱，所以从不曾佩戴。但为什么没有丢掉呢？因为这是在她事业和生活最失意时，前任特意去某个神圣的地方替她求回来的，她还清楚记得当时的感动和温暖。

岁月，会告诉你，你心里真正在乎的是什么。

就在她感情重重受挫、人生中狠狠跌倒，感到孤单寂寞的时候，她发现了这条手绳。她油然忆起当日被疼爱时的幸福，但当然，幸福仿佛已变成一个虚幻的名词了。自此，她不再丢东西。她害怕失去，害怕被遗弃，因此无法把没用的东西弃掉。

无法丢东西的人,往往心里都有一个无法丢弃的人。而往往,这个人已在生命中消失,无法挽回了。

物品呈现内心的伤痕

我有一位来访者,她家的东西总是破烂的,就因为完全用不到,所以也没有打算去理会。直至外墙维修,令其家居大受影响,她才考虑要去装修。她独居,家中本来就有好几个房间,怎么其他房间都不能住呢?细问下,原来因为原先那些房间的家人都过世了,她一直没有理会,只睡在自己的房间。

这是很典型的"视而不见"的心态。由于心理上一直在逃避面对家人离世的问题,还没有让自己重新出发过日子,因此过世家人的物品一直搁在原地,或被堆在一个看不见的地方。

这些心理上没有清理或处理的情绪,渐渐就会变成一种"淤塞"及"破败",就像垃圾放久了,会发霉发臭，而且一直影响着当事人的整个心理状态，甚至连人生也会出现无法前进、节节败退及障碍重重的感觉。

我们的居所，就是我们的心，因此总要好好清理才是。

当然，整理物品往往比整理内心的感情容易。对过世的亲人那深刻的感情，又岂是把东西丢掉便能放下的？但我们可以这样想："爱自己的亲人也不想我活在过去，也渴望我能开心快乐地走完自己的人生。"以这样的领悟去收拾及整理的话，那么与其说是断舍离，倒不如说是将亲人的情感与自己的心融合，然后承载着这一份爱让自己前进，而不是消失并陨落。

有时候，当家中那些损坏了的东西被修好了、换上新的了，内心的伤痕，也仿佛被修补和疗愈了。

物品呈现你"在乎的将来"

坊间有一个饶有意味的说法:"当一个已婚的男人开始去做运动时,多半是因为有外遇了。"这样的说法虽然不是一个定律,但相信也是不少"过来人"的心声。

不只是男性,正所谓"女为悦己者容",当一个女子有想要吸引的男子时,便会不由自主地好好打扮,务求让心上人眼前一亮。

我见过许多婚姻失意的女性,身上都弥漫着一种颓废感。她们渴望重新得到伴侣的爱,但真心说,很不容易啊。即使拥有很美好的内心,但外表却倒人胃口的话,伴侣还是很难回到身边的。

第二章 | 物品，呈现着你的过去、现在、将来

当拥有很想要的东西时，人就会做出相应的行为。想要吸引异性或是重视外表的人，因为需要打扮，就会添置一些例如护肤品、化妆品、漂亮的衣服等等。当然做运动除了有助吸引异性外，也有可能是为了身体健康。如果是为了健康的话，通常还会更注重饮食及留意健康的信息，话题也会多谈及这类信息。因此究竟是有外遇还是为注重健康而运动，通常还是有迹可循的。

另外，若一个人渴望成功或拥有梦想，也必定会从拥有的物品中呈现出来。例如一个学生将来渴望成为一位优秀的医生，那么他会多留意与医生或医疗有关的剧集、新闻和招生要求，会阅读医疗的信息等等。

我见过一些有囤积行为的朋友，均呈现出人生中某些渴求。例如护肤品（对美貌与被疼爱的渴求）、书籍（对知识与能力的渴求）、衣物（被别人认同的渴求）、柜子（对囤积物品的渴求）等等。

期待的将来，必定在生活中留下痕迹

一个人的心境如何，其使用的物品也能呈现出来。记得我某次到一位修行的朋友家中拜访，这位朋友行事低调，在圈内却是一位很受尊敬的人物。平时他身上的衣着都非常普通随意，看得出已穿着多年，有点陈旧但毫不肮脏。他居于偏远郊区的一幢三层高的小楼，屋内异常洁净舒适，在朴素中透着一点格调。某些物品有一定的价值，也具有品位。三层房子，区间分明，每层每个空间都有其清晰的功用，而且每个空间的物品数目都"刚刚好"。空间有余，物品却毫不匮乏。

我个人其实一点都不崇尚极简主义，那让一个人的内心太单调乏味了，单调得有一种要切断和外在世界的联系的孤寂感。就像酒店的房间，为什么东西那么少、那么简单？因为客人都只是匆匆的过客，像鸟儿划过天空，不留痕迹。奉行极简主义的人，大多强

第二章 | 物品，呈现着你的过去、现在、将来

调"活在当下"，没有过去，不期待将来。人生理念说得多漂亮，但偶尔停下来，会感到一种莫名的空白。

因为期待的将来，必定在生活中留下痕迹。

例如店铺内常见的"招财猫"摆件是对生意兴旺的期盼，大门上的风铃是要在有人回来时发出声音的提醒，厨房搁着的杯盘碗筷是对有人一起吃饭的期待。

摸摸你口袋中的手机，用着和谁一起买的保护贴或挂绳？手机桌面的照片是谁？记不记得，当你设定这个桌面时，心中有怎样的期待？

歌手陈升曾办过一场演唱会，名为："明年你还爱我吗？"演唱会门票只有一款，是情侣票。一个价格，两张票，情侣两人，每人手执一张。演唱会的门票在一年前开售，转瞬间已全部卖光。但怎知一年后的演唱会上，从台上看下去却满眼是一排排空荡荡的座位。据说，陈升对着那些空虚而令人神伤的位子，唱了一首《把悲伤留给自己》。

某年，某个晚上，我某前任，说他抬头竟看见流

星，就匆匆向流星许了个愿。我问他，你许了一个什么愿望呢？他说了要成为某方面的专家，说要做什么什么。听着听着，我的心慢慢向下沉了。

因为我发现，他的将来里，并没有我。

流星划过长空，匆匆。而我们的感情，也像流星那般短暂地灿烂过，然后熄灭在漆黑之中。

那时候开始，我开始送他一些生活上的小用品：钥匙牌、圆珠笔、某种特定颜色的衣服、带有某种记忆的零食，还有特别去庙里为他许愿的护身符等等。因为我很清楚，他的将来不会有我。但我希望，在将来，他可能偶然看见某种颜色的衣服、回家拿起钥匙开门的时候、拿起圆珠笔写字的时候、在生命中遇上跌宕迷惘的时候，可能只是如流星般匆匆的一瞬，忽地回忆起曾经有我这么一个人，曾经陪伴在他身旁，真心相待过。但愿那护身符，代替我，在将来的日子，好好守护着他。

物品,是过去、现在与将来的混合

若问一个人,你究竟爱不爱你的家人?也许有人会很快回答爱或不爱,有些人甚至会说出恨、悲伤、愤怒、内疚、妒忌等等,然而仔细想想,可能爱和不爱的情感同时都会有,因为开心和不开心的日子都有过。过去的种种,造成现在;现在的种种,累积成将来。因此,物品也就是过去、现在与将来的混合。

匮乏的焦虑

在《匮乏经济学》一书中,两位作者,行为经济学家森德尔·穆来纳森(Sendhil Mullainathan)及认知心理学家艾尔达·沙菲尔（Eldar Shafir）表示，当一个人内心对某些东西拥有强烈的渴望，尤其是匮乏的东西，潜意识会不自觉地将对其的关注度加倍放大，注意力会急速上升，对外在环境的观感也会出现一种超乎寻常的转变。

他们做了一个很值得深思的实验：研究团队招募了一班身体健康的男性，给予他们食物，但随着时间推移食物的分量却一直减少，直至提供的热量仅够维持生命，但对于人身体却不会造成任何永久性的伤害。

渐渐地，这些男性的心理出现微妙而重要的变化，他们开始迷上菜单，对食物的兴趣大增，甚至会对比两份报纸上的蔬菜价格，他们的愿望与梦想也渐渐和食物拉上关系，想做和食物有关的工作，梦想开餐厅。在日常生活中，食物的重要性及吸引力对他们来说竟然远比男女亲热的画面还要高，食物仿佛成了他们人生中最重要的东西。

其中一名参加者表示，他恨不得实验快些结束，即使身体上的不适并不严重，但最难忍受的是食物成为他人生的中心、心中最重要的东西，甚至是唯一。

这"唯一"听着可是很多恋人想要达到的"成就"呢，但竟然被食物抢去，真不知他的伴侣有何感受（假如有伴侣的话）。

积存许多食物

"匮乏的东西"掠夺了我们的注意力，我们无法招架，也控制不了，甚至深深影响着我们对生命的观感和认知。

有做老年人上门服务的朋友可能会有同一种感觉：不少独居、低收入家庭的老人家，往往家中储存食物的量远比需要的多。有时候打开冰箱，还会吓一跳，里面挤满了食物，甚至很难想象他们是如何找出要拿来煮食的材料的。

现代人大多出生在太平时代，但老年人则不同。

他们在童年或小时候多经历过战乱、挨饿的日子，每天有一餐没一餐的，这些童年阴影一直留在内心之中，他们总是不约而同地表示"将来可能会用到"，这样的信念仿佛在心中生了根，而且无可反驳。然而他们所存放的食物数量之多，又明显地透露出一种异样的氛围。

如上文所说，与其说是为了防止将来不够用而未雨绸缪，更大的影响其实来自暗藏在潜意识里的"匮乏心态"。

囤积的行为是无意识的，即使当事人知道自己有很多东西，即使一般人看来数量已多到超乎常理或令人难以忍受的地步，但当事人自己却仍然无视，令人十分费解。当中，由"匮乏心态"而生出的认知扭曲，造成了一种不可被忽视的需要和渴望，而这种渴望带来的专注夺取了当事人绝大部分的生命，令其深陷其中而不自知。

当某样物品大量出现在某人的家中时，代表了某样相对的东西在其潜意识中有一种严重的匮乏。而这些匮乏对现在的当事人来说即使已经有能力拥有（甚至丰足），但过去的创伤及匮乏的感受在其潜意识之中已生了根，故此"匮乏感"仍在，多少都不够。

我见过的囤积案例，如食物（曾经挨饿）、药物（曾经患病苦不堪言）、纸币（曾被银行或金融机构欺骗）等等，其实往往都和过往的重大创伤脱不了关系。

专注的副作用

当一个人全神贯注地进行一件事时，往往会不期然忽略了其他事物。心理学家称为"管窥视野"（Tunneling）。

美国曾做过一个统计，消防员的死亡原因第一位是心脏病，第二位是车辆意外。在1984—2000年间因为机动车相撞意外而死亡的数字中，消防员便占了20%—25%。当中令人大为震惊的是，这些消防员死亡的原因，竟然有79%是因为没有系上安全带。

我们可以想象，消防员一接到通知就要尽快赶去火灾现场救火，面对着生命威胁又要舍身救人，心脏病发病概率比一般人高可以理解。但那么重视安全的消防员，为何竟然会因为没有系上安全带这种"低级错误"而送命？

这就是专注的副作用了。消防员在接到警报后短短数十秒间便要出勤，穿好装备，在路上制定好救火的策略及救人的路径，安排好需要使用到的设备及分派人手与任务，因为要专注于"重要事情"上，就大大降低了对"不重要事情"比如系上安全带的注意力。

"管窥视野"的意思，指在管子中看东西，只看到景物的局部而无法看到全部，当一个人专注于某些事物时，其他事情就会被忽略。比如一个人热恋时，朋友说他（她）变得"有异性没人性"，就是"管窥视野"的好例子。

而囤积的人们，由于其内在对于某些事物的渴求声音太响亮,造成了"管窥视野",只看见渴求的东西,但忽略了物品的数量、卫生、居住环境及空间等等。

第三章

物品的语言

"世间的一切就像根链条,我们只需要瞧见其中一环,就能窥见整体的性质。"(阿瑟·柯南道尔《福尔摩斯全集》)

世间万物都是环环相扣的,例如中医通过足底便可以察觉整个身体的健康状况,生物学家可以通过一滴血发现一个人的DNA排列,植物学家从一片叶子可以推理出整棵树的状态,从一件物品——当事人经常使用的物品大概可以窥见拥有者的个性。

若物品不止一项,那么就是一种拥有更多证据的推论了。下面所述的,都不过是个人观察,并不代表某一种状态的物品,其拥有者就必定是某一类人。要知道这世上没有必然，若只用它来评论别人，对别人并不公平。但我总觉得，若能用来自我检讨、省视自己，却是一种非常有用的思考模式。

就像在玩有趣的心理测验一样，也来看看你是怎样的。

灰　尘

灰尘是时间留下的痕迹

环顾四周，看看家里什么地方或哪一件东西上的灰尘积得最厚？相信很多人会说是墙角、沙发底下、柜后的地板、柜顶、物品与墙之间的空隙等。这些很容易理解，因为都是难以打扫的地方，但物品呢？

记得有一个学生，她说自己家里有很多塑料箱，里面满满的都是未看完的报纸和杂志。箱子上总是布满灰尘，而且因为一个一个叠在上面，很多箱子的盖子都因重压而破掉了。年复一年，报纸杂志积存的数量越来越多，灰尘也进入到箱子里，到打开时，发现里面的纸张都已经发霉发臭了。一样东西假如上面有不少的灰尘,这东西一定是被人遗忘了很久的,通常被放在不易觉察而且不属于它的地方。那些报纸杂志一直被放在箱子里,没有人来阅读。然而,箱子里是一个适当的地方吗?

大家想想,假如东西被使用着、被珍惜着,它应该放在什么地方?

杂志,应放在书桌或茶几上,能随时拿起来阅读的地方,而不是放在一个要花费很大力气,搬开很重的塑料箱,才能够找到的地方吧!

被忽略与遗忘的证明

灰尘的存在,提醒了我们时间的流逝。物品铺满灰尘,也是被忽略与遗忘的证明。

为什么灰尘会存在?那是因为一样东西长时间没有人碰过,所以灰尘才能降落在物品之上。比较常用的东西，即使没有刻意清洁或擦拭，上面也不会有什么灰尘？

一样东西假如上面有不少的灰尘，通常的状况有几种：

1.被放在不易觉察的地方，而且不属于它的地方。

2.被置在当眼处，一直以为会使用却一直没有用到。

3.被置在当眼处，用作装饰的物品。

上述三种状况，都有同样的特质：被遗忘。或许是视而不见，或许是被忽略而置之不理，或许是被完全遗忘。

当一样东西经常被使用，即使会有破损与折旧，但东西的寿命总是比较长久；而那些久未触碰的器具、物品，往往散发着一种奇怪的气息，拿上手，总是很容易破碎。不知大家有没有藏了很久的塑料袋，某天整理时才发现一拿上手便碎成粉尘？而那些常用的胶袋，却仍然光洁如新。

独居老人身上所散发出来的气息，和那些被遗忘了很久的物品其实都很相似。

灰尘是存在的意义的反向证明

当一样东西经常被使用，灰尘便不会停留。有些朋友可能会问，那装饰品也有存在的意义啊，但不理它也一样有灰尘停留。这点就要说到被爱、被珍惜了。当一样东西被爱、被珍惜着，总是常常会拿在手上看，又或舍不得它弄脏，因此即使是装饰品，也同样会很少有灰尘停留。

那就是说：一样没有多少灰尘的东西，有两个特点：一是被爱着，一是有它存在的意义。

人，是不是也一样啊？活着的感觉，一是活得有意义，一是被爱着。假如两样都有，那么人生就会觉得更完整了。而那些轻生的人，往往是两样都没有，又或者，当事人觉得其中一样严重缺乏。

第三章　物品的语言

记得有一次到一位男士家中整理,他有一样想断舍离的东西,竟然是他的结婚照片。那照片用一个很漂亮的相框裱着,可想而知当年曾被多么地珍惜过。相框上看不出灰尘,但我用手一摸,就有细微的粉尘在指尖逗留,一种让人很不舒服的感觉。照片散发着一种霉旧的气息,有一部分已明显发黄。我问他:"你要扔掉吗?"他低头说:"是的。"

他说他已离婚好一段日子了,前妻和孩子都已移居外国。看他孩子的东西,很多都光洁如新,而且很多他都舍不得扔掉。然而家里却没有多少跟女性有关的东西,我想他自己也早处理掉了。这结婚照片,恐怕就是最后,也最难以割舍的东西之一吧。他显然还深爱着自己的孩子,但这位前妻所留下的东西,似乎带给他不少痛苦,因此,他都把它们清理掉了。

对于他来说,孩子的存在有着美好的意义,但前妻在他生命中却是带来痛苦的感觉。

若一样东西的存在只带来痛苦,那么把它割舍掉,是理所当然的。

是无情，是冷漠，还是理所当然？

有人会问，曾经深深爱过的人、事、物，为什么要扔掉？这不是很冷漠、很无情吗？我会说，因人而异。有些人，说过去但没有过去，口口声声说放下但心里还是放不下。深深爱过的人，在人生中已留下痕迹，在心里也占据一个重要的位置，然而若这段感情已如逝水，不让它流走，它只会变成一潭脏臭的死水，还会滋生蚊虫细菌。自然的定律早告诉我们人生的道理，灰尘的侵蚀，风化的痕迹，没有东西可以永远不变。

留不留一样东西，最重要的是，它现在和未来还能不能给你带来意义或爱，而不是过去有多爱。正如一段持续带来痛苦、只有很少快乐的感情，很多人因为曾经付出很多而执着不放，结果却是把青春白白浪费在不对的人身上。

人生要前行，必定要有一定程度的放手。然而，那并不是一种抛弃，而是一种带着感恩和尊敬的道别。

第三章 | 物品的语言

让滞留的拖沓，变成前进的力量。也许在一段或长或短的时日中，会若有所失，但同时，身心也变得轻松了。心中多了空间，情感少了负担，才能容纳新的人、事、物和幸福进入生命。

结果，在我的带领下，男主人对着从前跟前妻一起拍的照片，深深地做了一次感恩和道别。他最后的表情，我至今还印象深刻。在感恩前，他总是带着愤怒的目光；感恩后，他整个人松下来了。在我们把东西拿走前，他竟然有点不舍地瞄了那堆照片一眼。那一眼，透露着他和前妻之间那曾经深刻存在过的情感。我知道，他从此不会再对前妻那么愤怒和生气了。这，也是真正的离别才能达到的原谅。

因此，道别其实是一种祝福。对自己和别人的放手，对执着的种种放手。

真正的离别，从来不是无情的。它是承认和接纳后，因为理解而放手的选择。那是一种在生活中划下过痕迹的历练与回忆，是一种带着微笑的转身。

数　量

真实世界数量的多寡,往往和内心所需要及渴望的相反。一个人,内心的空洞越大、恐惧越大、不安越大,现实世界中所囤积或需要的数目便会越多。

假如大家去过寺庙,一定为寺庙中那份神圣庄严感到震慑。而大部分神圣庄严的地方,东西都非常少,而且一尘不染。佛教提倡"本自具足",一个人的内在已经拥有一切需要的东西,因此外在世界无论是情感或物品的牵绊都尽量减到最低。

"时时勤拂拭,莫使惹尘埃",当一个人时时清扫自己内心的灰尘,就固然明亮清澈。擦拭物品的灰尘,就像在清扫自己的内心。若能做到世间本无一物的境界,那就连打扫都不用。但我总是觉得,这种人也不必存在于这三维空间了。因此还有这肉身的凡人如我们,还是勤点打扫吧。

极简主义多恐怖

极简主义是近年新兴的理念,主张把身边物品的数量减到最低。有一部令我印象深刻的泰国电影《就爱断舍离》,当中的女主角琴就是一位极简主义者。她渴望拥有一间极简风格的工作室,因此想对堆满杂物而不再营业的乐器店进行改造。电影里有好几个段落都在表现她为了追求"极简"而疯狂丢掉东西的画面。

看得我惊心动魄,像在看恐怖片一样。

其中一个饶有意味的情节,是她把一直支持她的好友小粉送给她的CD也随手丢掉了,她说:"现在谁还在听CD啊。"但送CD的人小粉却一眼就认出了那份礼物。小粉当然受伤了,但琴却完全不理解,直至在垃圾袋里发现自己亲手织给哥哥的围巾时，才感受到那种心痛。

"谁会记得丢了什么""你看不到就不会后悔"，这些都是整理师经常说的话，这些也都是事实。然而真正的整理，是一种细腻的、真诚地面对自己内心的过程；而不是简单地为了追求极简或潮流而蒙着心眼，把东西说扔就扔。

像电影主人公那样对待一直支持自己的人，那跟渣男随便玩弄别人的感情后把人家抛弃是没有分别的。

剧中的琴，从她数年前对男友不告而别的行为中，已呈现出一种逃避的、自私的个性，而且没有同理心，只顾自己，不顾别人的感受。因此她的所谓"极简主义"，其实是一种"自私化的断舍离"，罔顾别人的感受，为了逃避感受和责任，把过去完全"一刀切"。

当她妈妈发现她把父亲留下的钢琴也卖掉了，伤心地在门外那种哭号，这个画面简直令人感到气愤。

我想这部电影可以说是个反面教材，完全呈现了现时人们对于追求潮流而忽视当中最有价值的奥义，空有潮流的躯壳，结果，一辈子活在无明之中，被自己的自以为是所反噬。

消失的东西、消失的人

生活中有些东西就是很奇怪的，数量会越来越少，例如橡筋、万字夹、发夹、便宜的笔、袜子等等，这些东西无论买多少，都会慢慢像人间蒸发一样消失不见。

在电影《月老》中，有一句话叫我印象深刻："所有消失的东西，都是不被重视的东西。"那些已读不回的信息、那些不读不回的信息、那些说了的话但没有被听见的瞬间、那些被忽略的心情，都是一点一滴，落下满地的残花，心碎成一片片的凋零。

那些生命中消失的人，都是不被重视的人。曾几何时你和一些人特别的亲近，但随着年月的变迁，不知怎的，工作越来越繁忙，生活越来越多姿多彩，而往昔那些亲近的人，渐渐变得疏远。偶尔回首，会怎么觉得身边空洞洞的呢？不是有很多的朋友吗？但怎么内心总是那么的孤寂？回想，那些消失掉的人，是不是一直都被你忽视呢？

看似自然流失的东西，其实还是有一个过程的。渐渐地，你们不再找对方；渐渐地，你没有再想起对方。

我有一位来访者，她从来我行我素，对孩子异常严格，堪称"虎妈"。她在家只关心孩子的功课、学校的表现。她说她不怎么抱孩子，甚至在她的记忆中，几乎没怎么碰过孩子。孩子说想要什么，她都装作没有听见。然后有一天，她的孩子从家里的窗飞了出去，在这尘世中消失了。

一样物品消失了可能觉得没什么，但一个人，如果还爱着的话，就请好好珍惜，别让他／她消失了。

第三章 | 物品的语言

记住，你是最重要的

有没有那么的一个人，你无论多么重视对方，但还是换来一次又一次伤心？一开始，也许你呼号、你要求讨论、你渴求对方的关注、你付出又付出，但渐渐地，你的声音越来越静了，你开始沉默了，直到某一天，你默然转身离开。因为你决定，与其在对方的世界中被湮灭，倒不如好好地活在自己的世界中，至少能呼吸。

你不再希望他能给你幸福，你只想自己得到幸福。

过于讨好的关系，得到的往往是一种"因为你的好"才交换回来的怜悯。记得以前有一句网络用语说被发"好人卡"，是一种婉转但细思极恐的拒绝方式："嗯，你很好，但是……"，"很好"不是重点，"但是"之后说什么也都一样不重要，因为"但是"之后，说的往往只有一句心里话："你很好，但是我不爱你啊。"

当遇上这些状况的时候，假如只是不断地去讨好，对方只会觉得厌烦，执着于不属于自己的东西，反而把自己弄得焦头烂额。物品也是一样，有些物品总是好像不属于你似的，不论花多少心机也弄不好或总是用用就坏掉，就像它们有个性一样。如遇上这样的状况，我建议还是放下吧，换一个好用而且用得到的，会没那么的烦恼。

物品，是来支持我们的，因此作为使用者，我们也要有一定程度的觉知。从跟物品的关系中，也领悟到万物和人之间的关系。你可以安于每次使用时会出现一点麻烦，但还是能用到，就如安于和亲人在一起总会有些令你觉得不舒服的地方，但仍然处之泰然一样。

无论物品怎样，还是好好关心自己的情绪、健康和安全更重要。比如一只崩角的碗，拿来吃饭会容易受伤，那么就换一只完好的碗来吃饭。记住，你才是最重要的。

伤 痕

每一条伤痕,背后都有一个故事。在一件物品上,那些伤痕记载着怎样的故事?

伤痕是回忆的证明

任何东西只要被使用过都会出现一些痕迹,但伤痕却是截然不同的印记。

当我们谈到伤痕,就会想到受伤。心的受伤固然因为不同的际遇和机缘,物品的受伤也是一样,当然,主要来自物品的主人。

大部分的人都喜欢用全新的东西,没有瑕疵的物品。其中一个原因，就是用被别人用过的东西感觉都不太好。即使光洁如新，但总是有一种怪怪的感觉，仿佛在使用着不属于自己的东西，有些人甚至惧怕被前任物主不好的能量所影响。

而有伤痕的物品，就更为明显。伤痕的存在，是回忆的证明、是被爱的证明、是存在意义的证明。

有些人可能觉得奇怪，都受那么多伤了，怎会是爱的证明、存在意义的证明？

受伤，是因为觉得不被爱，或被爱得不够；而能够受伤，则是因为心中有爱的存在。你会要求街上一个陌生人去爱你吗？若对方对你的话不理不睬，那是很正常的吧？因为心中有爱，所以才会让这个柔软的部分展露在对方面前。

人们常说一个人没有感情，那不过是具行尸走肉而已。因为有感情，所以才容易受伤。人存在的意义，说是一种道理，不如说那是一种感觉。因为感觉到有意义，所以才活得出意义。而那伤痕，无论是心上的伤痕，还是物品的伤痕，就是因为在爱着的日子、感觉到意义的日子,即使那意义多么的微小也好,也是一种存在过的证明。

让我们,不要遗忘提醒。

物品的时光

人能够感觉到时间的存在,乃因为回忆。我们记得以前发生过的事,那些情感,那些遭遇,那些恍如花中微香的温软时光,那些恍如寒冬飞雪的漆黑深夜,那些味觉残留的酸甜苦辣,那些五味纷呈的百感交杂,那些过去,那些通通都是回忆。

在捷克居住时,我很喜欢去当地的跳蚤市场、古董店,因为欧洲的时光较慢,人们把东西保留十年八载是日常,因此随随便便都能找到上百年前的东西。进入古董店内,弥漫着回忆的氛围。仿佛每件物品都透着一种神秘的味道,在那些地方,光洁如新的东西都几乎无人问津。触摸着那些东西,你总会不期然地

你的物品，是你的内心

思索："究竟之前的拥有者是怎样的人呢？"

记得小时候，我们那个年代仍然有体罚，有一次父亲打我的小腿，腿上留下了红红的一个五指掌印，这印痕虽然很快褪去，但在我的记忆之中却十分深刻。那时候，父母生活艰难，我也许做了些令他们烦心的事吧？我已忘了，但相信他们当时心中一定经历着许多的不快乐，才会狠狠地打在小孩的身上。

正如当自己心情欠佳的时候，内心那种狂风暴雨，会令人手中无论握着什么，都会不由自主地用力。无论将什么放到桌上、地上、任何的地方之上，都无法把心中的不适移离。

因为心中的伤，无法舒解，故此那伤痕，就印刻在那物品之上。

外在世界是内在世界的投射

外在世界是内在世界的投射，我发觉很多说自己

第三章 | 物品的语言

"没什么感觉"的客人,往往不是身上有着显而易见的皮肤病,就是他们使用的物品往往有很多的划痕,或残旧,或带着许多个袋子出街。

有一位来访者个性异常挑剔,每次谈到她想要的东西或对象时,要求总是完美得叫人感到晕眩。因为总是找不到"最好的",故此也"无法更替现在的",即使已破败不堪或痛苦异常,但因为"想着只是暂时性的,当找到好的便会换掉",所以她宁可住在日久失修的房子里,与令她不快乐的人在一起,忍耐地过着痛苦的人生。

然而,她总是在人前呈现一种过度正面的思维模式,这种隐藏的悲伤是某种逃避与压抑的心理状态。潜意识总在不经意的地方透露出内心的秘密,人能够逃避面对自己的内心,但没有人能够逃避潜意识的反应。

即使一个人说自己已忘了某些过去,但身上的伤疤,却是回忆存在过的证明,也是活着、活过的证明。

这些伤痕可以是痛苦的记号,也可以是凤凰涅槃重生的烙印;可以是懦弱的回忆,也可以是顽强活下来的坚毅。

世上所有事情都是一体两面的。物品的伤痕,也是一段段往事的温柔提醒。我们是否也如对待物品般对待过自己或所爱的人?

记得小时候,我家的衣柜,很多抽屉都是破的。一拉开,面板便会倒下来。然而每一次,我们都会把那面板盖回去,而没有把它扔掉或拆掉。即使多么的不便,但就是自然地会这样做。

小时候我家里人常常吵架。回想这些破败的抽屉,也许就是在愤怒的情况下,家人用手抽拉造成的结果。然而,因为内心其实根本不想破坏,而且渴望它是完好的,所以才一次又一次把抽屉面板盖回去。

人心很微妙,爱不爱,其实不是在看破坏的那一刻。因为情绪爆发时很多人都不懂控制,但假如心中仍然珍惜,终究还是能从细节中透出味儿来。人们说时间会证明一切,我想,这也是物品透过时间,给我们爱的证明。

裂痕呈现的不完美之美

记得网上流传着一幅图案,有一对白发苍苍的老人,手牵着手,上面写着:"东西坏了,现在的人们换新的,但我们以前却会修复它。"

表面说的是物品,但实际说的是关系。

现代的节奏越来越快,人们的耐性也越来越低。从前冲洗一张照片,都要等上好几天,而且费用不便宜,因此每一张照片都要放入相簿好好保存。然而现在手机拍照实在太方便了,每次和朋友吃饭,连人带菜,还有环境、街灯、侍者的表情,都要拍上几十上百张照片,一部手机存了数万至数十万张照片实在稀松平常。手机或电器坏了,不再选择维修,而是换个新的。

现代人的感情也是一样，不在乎天长地久，只在乎曾经拥有。约会就预见到分手，离婚变成常态。人们无法享受孤独，却更无法好好在一起相伴到老。

我很喜欢日本的金继（又称"金缮"）之学，把破的杯盘碗碟，用生漆及真金制成的粉末来修复黏合，修复后的瓷器，会有一条呈现出缺憾却又闪闪生光的裂痕，这条金色的裂痕，竟然令平平无奇的瓷器多了一份令人感动的美。

这种侘寂之道，就是欣赏在不完美之中的完美。世事本无完美，但如能用心欣赏、用心观看，用爱修复和包容每件事物的伤痕，这些伤痕就不再是缺憾，反而成为闪亮的特征。

在这条重新黏合的裂痕中，包含了许许多多的舍不得、怀念和爱。

修　复

每样东西都要修复吗？

人一生拥有的东西其实很有限,每样东西都想修复的话,四周便会被许多破烂的东西包围。有很多老人家不舍得丢东西,总是说:"这修好了之后还能用。"但东西太多,也无法割舍。

珍惜,很重要;有修补珍惜东西的心,很美丽。无法割舍东西,以"修好了还能用"为借口,却是对于失去的恐惧及无法放手的逃避。

物品坏了，是一种预兆？

记得有一位来访者，是一个斯文温柔的女子，但爱起来却轰轰烈烈。她和远方的男友在疫情期间，主要靠视频通话联系。某天她男友表示需要调职到另外一个省份工作，工资虽然多了，却会非常忙碌。男友表示要趁这段时间多赚些钱，好为两人将来多做些储备。

女子知道男友一旦接下这份工作，即表示二人视频通话的时间会少很多，由于时差关系，甚至可能不能每天通话。但她知道男友很喜欢这份工作，而且也是为二人的将来着想，故此也只有全力支持。然而在男友离开本省的前两天，二人手机上的荧幕保护贴都不约而同地突然爆裂了。女子心里有一种不祥的预感。她静静地去换了保护贴，一心祈求二人感情能稳稳地走下去。调职后，男友越来越忙，有时连续几天甚至一周都无法通话。女子感觉到二人的感情出现了问题，但男友却已不肯离开这份工作。二人的感情，亦由心痛开始渐渐转淡。即使圣诞节，男友也是宁愿和朋友同事度过，不肯和女子通话。女子回想，总是觉得电话荧幕爆裂，仿佛是暗示着二人无法对话沟通，也是感情破裂的预兆。

类似的情况我听过很多。例如家中有漏水的状况，似乎暗暗有种"漏财"的隐喻，水为财嘛。当然，这些都没有太多的科学根据，却又似乎总有不少人有相似的经验。

世上没有可以随意对待的存在

"世上没有可以随意对待的存在。"——这句话，来自韩国作家禹钟荣《树木教我的人生课》其中一篇文章的标题。禹钟荣是树木医生，他觉得自己的人生都是从树木中学习的。当他人生最低潮的时候，看到松树在恶劣的环境中，在山峰上的岩石缝中仍然挺立生长，于是他下定决心"我也要像松树一样坚强地活着"。

我很喜欢禹钟荣先生的文章，他对待树木的态度，深深撼动着我。在大城市生活的现代人，见到昆虫都要尖叫，甚至赶尽杀绝。然而人本来就是活在大自然中，植物、昆虫本来就是地球的一部分。

地球气候变暖、污染和环保危机等问题，其实就是来自人们对于拥有的东西随意与自私对待的态度。

生命本无常，但我们仍热爱生命。所谓万物皆有灵，很多的智慧其实都能够从不同的生命中学习。

学习整理收纳术的过程中，最令我震撼的一个步骤，就是对于被舍弃的物品或垃圾，要表达深深的感谢及感恩。从小我们接受的教育，就是"垃圾是肮脏的""没用的东西就要被丢弃"，人们对垃圾的态度是不屑的、敬而远之的、反感及厌恶的。

由此，当人们觉得自己"没用""像废物一样""没有价值"时，就连对自己也感到不屑与厌恶。

第三章 | 物品的语言

这些人会把自己也当作废物一样对待，生活在垃圾屋中、吃进大量的垃圾食物、生活得糜烂与混沌，甚至对待别人或物品都是一样的态度。

但其实，世上没有任何东西是完全没有价值的。看看你家的垃圾桶，食物与物品的包装袋、废纸、用过的东西、损坏的东西等等，这些所谓的"垃圾"，也曾经对我们的生活有所贡献。只是它们或许已完成了使命，或许已经损坏或无法再使用，或许这些物品的来来往往，正是教会我们，生命中的离离合合，有缘便能够待久一点，无缘便让它飘走。

无论结果如何，离别时，我们仍然能够感恩，感恩它们在我们的身边待过、帮助过、提醒过我们的许许多多。要送走的送走，能循环再用的便祝福它们到达一个珍惜它们的人手中。而我们内心，对万物仿佛就少了一分亏欠，多了一分爱与包容。

我有一位朋友是公众人物，因为拥有不少粉丝，每次见到粉丝时总会收到礼物。有次我看见她收到粉丝的礼物，当粉丝离去后便实时拆开，那是一盆手工制作的花朵，看上去虽然不算很精致，但相信也花了不少心思。我看见她一脸不以为然，我问她会怎样处理？她说回去在没人看见的地方，便把它扔掉。

这位朋友长得很漂亮，也有过不少的情郎。当然，身边总是围绕着许许多多讨好她的人。我发现她有一个习惯，就是仿佛对感情没有多少的依恋，每当要切断一段感情时，那种狠绝，叫人感到心寒，让人觉得，那些爱上她又被她甩掉的人好可怜啊。

我从小到大都没有收过很多的礼物，因此每次收到后，都舍不得丢掉。因此对于朋友的做法，我无法理解。也老实说，自此之后，我再也没有送过礼物给这位朋友了，因为我真的不想自己用心拣选送她的礼物，竟变成被随手扔掉的垃圾呢。

姿 态

从摆放物品的姿态，可以看出一个人处世待人或对待自己的姿态。

倒下了却装作没看见

进入一个人的家时，我的目光总是被一些东歪西倒的东西吸引。看到一样东西倒下来了，人往往会内心出现一些轻微的不适感。然而，若家居中出现很多东西"没有被放好"，尤其是当事人"知道"，但没有实时处理而累积下来的状况，通常不是因为当事人过于忙碌无暇整理（往往也未必能有足够时间或心思好好照顾自己），就是因为他是一个不拘小节的人。

而对于外在事物"视而不见"，也是"心盲"的一种，明知道应该收拾、明知道应该整理，却一拖再拖，生活上可能也会出现许多的拖延或忽略。

当然，除了"心盲"，也可能是因为"心累"。心力交瘁者，心中有强烈疲劳感的人，往往就会将这些看似无伤大雅的小事遗忘忽略。

很多朋友说回到家"一根手指头也动不了"，忽略了家事、忽略了家人，很多时候是因为白天的工作或某些事务令他的内心已异常疲劳，需要复原。

有些心的复原，可能需要一辈子的时间。我有一位来访者，家人都离开了，以前她是一个很爱干净、很有条理，甚至有些洁癖的人，但自从经历一次人生的重大打击后，生意破产、爱人离开，她说只剩下自己一个人，变得什么都不想理、什么都不想碰，家中不知何时开始堆积了许许多多的东西，以前很容易便将物品放归原位，也会在意物品的摆放角度，但发生那些事件后,便不再对这些有心思了,很多时候知道东西倒下了、放歪了,也不想再理会。但明明自己心里并不是这样想的,她最想就是回到以前,那个对四周事物都有一种明亮的心情、有要求的自己。

她说:"我仿佛放弃了自己。"

她说:"我倒下来了,也没有人帮我。"

她说:"自己就像一块被用完弃掉的抹布。"

因为生命无所依附,因为生命仿佛失去了意义,因为生命随着亲人的离世而自己的存在感变得淡薄、轻浅,因此,对四周的感觉也仿佛蒙上了一阵薄雾,要看清这一切,需要太大的勇气了。

刻意放好与歪倒

强迫症患者有一个很特别的特征,就是会将所有的东西整齐排列得一丝不苟。连轻微移动或放歪了一点,都觉得受不了。强迫症患者和洁癖的人完全不一样。洁癖简单来说,就是无论在哪里都受不了肮脏与不干净。而强迫症患者若进入一个原本已有尘埃或不干净的地方,并不会有种要去把它弄干净的冲动;但那处地方如果原来就一尘不染,现在突然多出了一根头发,强迫症患者就会觉得非常受不了。

一般人来说,固然会有倾向把东西放好与放歪的人,这也同时反映出这个人是正经八百、踏实,还是带一点艺术家的个性、不拘一格。我有一位朋友家中的东西不多,但我发现大部分的摆设都是斜斜的,几乎没有一样是端正的。就连挂在墙上的背着十字架的耶稣像,也是斜挂着的。我也注意到这位朋友很少正面望向别人,站也很少站在人们的正前方。站着说话,也是斜着身子的。

他无法跟人很深入地交心,也总是想避开别人直视的目光。他的内心世界仿佛是个谜,很少会谈到他的家人,对自己的感情状况更是三缄其口。他脸上经常皮笑肉不笑,不会展露太多表情,总给人一种距离感。

另一位来访者，他公司桌上所有东西都是端正无误的，然而他家中的东西，尤其是洗手间及自己房间的东西，却只是很随意地摆放，有些东西倒了也会视而不见。在人前，他要求自己做到完美，非常在乎别人的看法和评价，然而在人后，他其实对这些人十分不屑，而且讨厌自己，又经常怪自己要戴着面具做人，无法好好做自己。

情　绪

你的东西，你喜欢吗？

我们对着不喜欢的人，会油然生出一种厌恶或想逃避的情绪；又或遇上不喜欢自己的人，我们也会想逃避或感到不开心。同理，当我们看见家中那些不喜欢的物品时，往往就会下意识"视而不见"，甚至是让它持续停留，不去处理。但即使你没有在意到，然而潜意识却知道，因此对那些有很多你不喜欢的东西的场所，便会产生一种抗拒感或厌恶感。

近藤麻理惠主张"心动"的整理术，物品要有心动的感觉才留下来，否则便将其送走。这其实不无道理。因为潜意识会想看见美好的东西，人们对于自己喜欢的东西会产生正向的情绪，因此当家中只留下心动的东西的话，住了一段日子之后，心情吸引回来的东西都会变得既心动又美好。

你的东西，喜欢你吗？

心理治疗很喜欢用一个代入的手法，就是角色扮演。若能够进入物品的世界，就能够知道物品所传达着的情绪与能量。例如当你想象自己是那被压在最底下的背包，你会有什么感觉？会有一种被忽略、被压迫、被遗忘，甚至于有点委屈的感觉？

然后，你渴望你的主人会怎样做呢？

第四章 物品的价值

外在的价值、内在的价值

环顾一下你四周包围着自己的物品，被塞得满满杂乱无章的抽屉，挂满和堆满衣服的衣柜，有一半的衣服穿过不够三次；用了一半的护肤品、过期的报章杂志、没开封但买了很久的日用品、吃了几次便没有再吃的保健食品……许许多多的东西，其实很多都不会再使用，或已经用不上了。

其中一样很难丢弃的东西，就是别人送给自己的、很昂贵但甚少用得上的东西。这些东西仿似拥有金钱的价值及情感的价值，却欠缺实用的价值。但你却不敢丢弃，因为对方可能会感到不开心，虽然自己觉得实在不怎么喜欢。

这是很常见的内在纠结,别人眼中的价值和自己内心的价值出现落差,为了要应付别人的期望,而去压抑自己内心的渴望或自由。

有一个孩子的妈妈送给他一件白大褂,希望他将来能够当上医生。小时候,孩子玩的游戏,都是扮医生的游戏。妈妈觉得这样的角色扮演能够让孩子潜移默化,读书会以做医生为目标。然而孩子长大后,成绩出众,却反而讨厌当医生。因为他从小就知道,喜欢那件白大褂的人,只有妈妈。因为妈妈总是说,假如爸爸是个医生,她就不用捱那么多的苦了,但爸爸"只是"一个护士。孩子无法理解,在他心里,假如自己当上了医生的话,就好像要把爸爸赶出这个家庭。他觉得爸爸很爱自己,对妈妈产生了反抗的情绪。

于是,他心里渐渐对白大褂产生了一种负面的情绪,也渐渐对做医生产生很大的抗拒,结果,他会考成绩不如意,没有考入医科。他既内疚,却又感到松了一口气。有时回想,可能是潜意识让他考不上医科,那么就不用背叛爸爸,也不用违背自己的梦想。

至于那些陪伴着他成长的白大褂,自从他上大学后,妈妈便没有再看过它们一眼。有次整理旧物,他只留下一件,其余全部丢掉了。他记得某天,爸爸妈妈和他一起玩角色扮演,那天,他们全家都很开心。

我们即使能够因为顾及别人的感受,而忍耐或压抑着自己,但潜意识是知道的。到某天,你终究会离开那些令你无法自由的东西,同时,你也可以选择,留下那些美好的回忆。

给自己一个期限

电影《重庆森林》中的何志武（金城武饰演）说，他分手那天是愚人节，而自己生日那天是五月一日。他把分手当作是愚人节的玩笑，从那天起每天买一罐她最爱吃的凤梨，是到五月一日便过期的凤梨。假如买了三十罐之后她还没有回来，这段感情就会过期。

经历过等待与失恋的朋友，相信都有过给感情设一段期限的心情。你明明知道这样等下去不应该，你明明知道，那个人很可能不再回来，又或者说，对方狠心把你扔下了，你还是想给他一个机会，与其说是给他一个机会，不如说是给自己一个机会，一个你舍不得离开的缓冲，一个到期时狠得下心离开的理由。

第四章 | 物品的价值

物品也是一样。整理术常常建议把那些扔不掉的东西，放进一个有盖的箱子里，密封起来，写上封口的日期，再写上一个期限，通常是一年。一年之后，你多半都忘了箱子里面藏的东西，而且你会发现，就算没有那些东西，你依然过得好好的。只要不打开这个潘多拉的盒子，不好奇去回头，就不会变成石头。其实你需要做的只是忘记，忘记里面的东西，忘记它曾经对你的影响力。到期的时候，把它送走或扔掉，就好。记得，别打开来看，别回头。无论箱子里面放的是东西，还是感情。

空洞的幸福

很多人喜欢名牌衣物或用品,但有没有想过自己是否真的喜欢这东西?是因为品牌名气及穿上时能予人感觉光鲜,还是真的因为它的质量和设计才喜欢?

我有一位朋友,社交媒体上每天发布的照片,不是去买名牌手袋就是去买名牌衣服,但她的脸上,笑容总是僵硬的(真心开心笑和戴着面具的笑容有很大分别呢),她也从来没有发布过和丈夫、孩子及家人的快乐生活照。

另一位朋友,手中握着许多豪宅物业,但自己却住在平价的住宅中,原因是希望儿子不要将父亲视为一棵摇钱树,以身教去教育孩子不要小看一个住在平

第四章　物品的价值

民区的普通人。

有一位朋友，有着如花似玉的面貌和妖娆的身段，但有次她私信跟我说，原来她已受精神疾病及幻觉困扰一段日子。就如网上许多用滤镜换脸的网红，她明明已长得很漂亮了，还是不断用滤镜把自己的脸变得更尖、腿拉得更长。最近，她还打算去整容。

有一位朋友，个子矮小、其貌不扬，"我很丑但我很温柔"这句话来形容他非常贴切。他内心总比别人平静，就算经历大风大浪，心理韧度也来得比一般人高。他说由于外貌的关系，自小便受尽别人的奚落与白眼，父母亲也更疼其他兄弟姐妹；出来工作总是比较吃亏；连去买菜别人都能讲价，就是他经常未获打折。也许因为种种挫败，令他培养出一种"无视挫败"的个性。尤其是对很多人来说最在乎的批评，他总是能耸耸肩轻轻一笑便带过。

人们使用的东西也一样，名贵不一定代表优越。往往，对一个人来说，最珍贵的东西，不在于其金钱上的价值,而是情感上的价值。记得在新闻上看见某国发生大火,一个老人拿走家里唯一的一样东西,就是他的猫。这样的画面令人感动。

如果在大火中,某人拿走的只是一个没有回忆只是很贵的皮包手袋,是不是会令人觉得颇可怜的呢?

价值的错觉

每个人对价值都有不同的观感,有些人是以金钱来衡量,有些人是以感情来衡量,有些人是以质量来衡量,有些人是以数量来衡量。有些人,则以拥有者来衡量,例如小时候的俗语"隔篱婆仔饭焦香",说的是邻居煮的饭总是比自家的好吃。但其实以一件物品来说,科学家却发现人们会觉得自己拥有的东西更具价值。

大部分人都知道空间充裕、干净整齐,对一个人的身心健康都有好处。但为何有几乎98%的人无法做到绝对的干净整齐?

选择规避

在第一章,我们谈到人的专注力带宽是有限的,就像一条宽带,一个人用的话,无论是打机、上网,还是看戏、听音乐、开会等都非常流畅;但当变成20个人一起上网时,就会经常卡住甚至掉线。

过多的事项固然会分散我们的专注力,过多的物品也会令人产生一种无力感。正如一个家庭主妇,这边大孩子闹脾气,那边初生婴儿肚饿哭闹;然后家中的小狗听到吵闹声被吓坏而奔跑,摔破了花瓶;奶奶致电来问今晚的拜访有没有留意别煮牛肉,因为岳父不吃牛肉;门外响起速递送包裹来的门钟声……这时的主妇就算有三头六臂也无法处理那么多事。结果她崩溃了,什么都不做,呆坐在沙发上两眼放空。就像一部容量、数据及传输速度都不够用的计算机一样,死机了。

进入一间堆满物品的房子,放眼都是要清洁和处理的东西,因为每样事物要细看、决定、找垃圾袋、分类、丢弃、整理、送人等等等等，令人瞬间产生一种巨大的心理压力，也不知道该从何入手，于是便避免做出选择，决定不理。

这就是人在过多选择时所产生的回避机制，虽然都不过是微小的事情，明明做起来简单容易，但不知怎的却觉得"很麻烦""很烦""很累""很花心力"，不知如何选择先做哪一样东西，于是乎也会出现"不想碰"的状况，简单来说就是"选择规避"。

损失规避

人们对于价值都有一种莫名的扭曲，面对一样东西的价值，其实很少是客观的。

《快思慢想》的作家丹尼尔·卡尼曼曾做过一个实验，他有一个硬币，告诉实验者若抛出正面，对方将得到150美元；若抛出背面，则输掉100美元。

由于硬币两面的重量是均等的，抛出正反面的概率都是50%。长远来说，这几乎是稳赚的提议。

然而，大部分人都拒绝这个赌局。因为损失100美元的"痛"，与得到150美元的"快乐"比起来，损失似乎更令人难以忍受。

这称为"损失规避"（Loss Aversion），指人们宁愿放弃长期的利益，也不想去承受短期的损失。

当人们觉得自己的物品有某种程度上的价值时，无论那是金钱价值、感情价值，还是迷信的价值（例如带来好运的风水摆设），都不愿意丢弃。记得有人说过，送什么物件给一个你喜欢的人，而又能肯定对方不会丢弃？那就是用钱币亲手折出来的护身符，因为当中包含感情、金钱和迷信这三大价值。人们是不会把钱丢掉的，这是奖励机制；人们是惧怕失去的，丢了或送人可能会带来厄运，这是惩罚机制；人们是重视感情的，这是动之以情。即使对方一开始对你并没有多大的感情，但由于扔不了也不能送出，就唯有留下。日子久了，还可能日久生情呢。

第四章 | 物品的价值

禀赋效应或厌恶剥夺

人们对于自己拥有的物品,会有一种不合理的价值感。举例来说,若朋友送你一只很漂亮高级的瓷杯,你觉得它值多少钱?当你拥有这只瓷杯一段时间后,有人想要你卖这只瓷杯给他,出多少钱你会想卖呢?大部分人售卖的金额,后者都会高出前者。

美国经济学家约翰·李斯特曾进行一个实验,将两组参加者随机分组,完成问卷后均赠送礼物,一组为咖啡杯,一组为巧克力。待他们收到礼物后,实验人员再告诉对方其实咖啡杯和巧克力是可以自由选择的,问他们会否互相交换。然而,只有10%的参加者会选择交换。

由此可见,得到咖啡杯的会觉得咖啡杯较好,而得到巧克力的会觉得巧克力较好。心理学家认为,人们都较倾向于喜欢自己所拥有的,当觉得某物件是"属于自己"后,其价值也在心中相应提升。这种心理状态被称为禀赋效应或厌恶剥夺（Endowment Effect）。

这说明人们要丢弃东西的时候，为何别人眼中不值钱的东西，对拥有者来说是多么难以割舍。因为在人们眼中，自己拥有的东西，价值都比较高。记得我妈常常说她收藏的CD值多少钱，但在我眼中，那些老旧的歌有谁听啊？还要什么CD啊！

有一位客人家中放满毛绒公仔，这是她从小到大收集起来的，有成百上千个。由于数量众多，因此很多公仔都已十几二十年没有碰过，可以想象积聚了多少细菌和灰尘。但对她来说，这些大大小小的毛公仔，都是值钱的东西，她不会卖给任何人。

减少重复物品，令时间变多

由于上述的价值错觉，令人们无法做出理性的选择和实时的行动，由此又延伸出更多价值的错觉，时间就是其中一样最重要却又经常被忽略的价值。

由于物品太多没有好好处理，因此便要花时间去找。西班牙某机构做过一项研究，发现人们花在找东西上的时间多得惊人，而且找的东西并不是什么重要物品，而多是手机、钥匙、眼镜、手表之类的小东西。一个82岁的西班牙人一生花在"找东西"上的时间，竟高达5000小时，即208天！而且有50%的西班牙人平均每星期会丢失一样东西。

由此可知，人们因为不想花时间去收拾东西，结果花了更多的时间来找东西，也花了更多的金钱重新购买丢失的东西。

  我有一个客人，在面积200英尺的家中就有超过十把剪刀、六个订书机、八把钳子、超过三十块橡皮擦，原因就是她每一个抽屉都塞满各种各样的东西，要找起来总是什么都找不到。

  而优质的整理术，就是能够让找到东西的速度加快，从而将时间及重复购物的金钱的消耗减到最低。

免费的东西最昂贵

在市场营销中有一种常见的手法,就是"送赠品"。平时你不会花100元去买一只U盘(现在多数人都用云端储存了),但若购物时会送你一块价值100元的U盘,人们便会排队去换领。疫情舒缓后,很多大型商场会赠送现金购物券,这类购物券要买满一定的金额才能使用,平时人们都不会去商场买太多的东西,但因为这"突然多出来的现金券",就去花钱了,而且因为"多了一些钱",所以会买更多的东西,花的钱比预计或需要的可能更多。加上花时间排队、为了用完现金券而花更多时间购物、家中要存放更多购买的东西而被占用的空间等,都是隐藏的支出。

现金券还好，有时赠品是一些没打算买的东西，例如雨伞、环保袋、茶壶、血压计或杯盘碗筷等等，这些东西往往主人既不喜欢，也很少用，但丢了又觉可惜，只好长放家中占据位置，也占据着心中的位置。

还有朋友赠送的东西，很多人都觉得丢了会对不起朋友（我自己也是），但其实过了一段时间，假如你仍然觉得用不上，而朋友也不再提起，就转送给别人吧。怀着一种感恩的心，将礼物转赠给更适合它的主人。当然，最好是把它赠送给你朋友不认识的人，即在社交媒体不会看见对方动态的尤佳；否则送礼物给你的朋友若偶然知道了，难免会觉得尴尬和伤心的。

另一个方法，就是假如朋友送的东西有一部分你很喜欢，那便只留下你真正喜欢的部分。一般人不会太过问自己已送出的东西，见到你有用（即使只是其中一部分），也会以为你留着全部。就算某天发现了你把其他部分送给了别人，也不会觉得你是完全无情的。

善用时间,提升价值

时间,是流失了便不会回来的东西,因此好好掌握物品该摆放的位置,减少找东西的时间,善用这些时间来提升价值。无论是做喜欢的事、休息、学习或是赚钱都好,只要有时间,就能够精进和深化。

常用的东西

留意一下你的四周,有多少东西是常用的?它们又放在什么地方?

人们习惯将常用的东西都放在最易拿到的地方。例如杯子会洗完后放在沥水架上,可能还没放好便又会拿来用。计算机旁都是常用的文具。假如你是每天都会用电脑的人,你不会把鼠标每天都放回抽屉里,再每天拿出来启动,使用频率越高,就会越容易拿到。手机更是几乎每时每刻都会在随手拿到的地方。

有些人会为了整洁,将常用的东西也收进柜子或抽屉内,认为自己"每天不过多做一个步骤而已",但日子一长,多半还是会因为生活习惯及惰性使然,又将东西放回桌上或当眼处。有时开关抽屉这些看似只花很少力气的举动,对人来说都是一种负担。若明白人的习性,就不会"做这些傻事"。

不常用的东西

常用的东西放在当眼处固然没有问题,但不常用的东西占据常用东西的位置,那问题就比较大了。想想自己是不是一回家便把买了的东西"先放在地上,打算明天空闲时才收拾"?通常结果是明天有明天要做的事,地上的东西依然每天看见,除非是要使用了,才会去翻找,不然就依然原封不动地放着。例如在超市买回来的日用品或包装食品等,没有实时处理的急切性,又觉得不太占地方,所以拖了又拖,而最后在迫不得已去整理时,往往是因为"受不了"的缘故,不是同住的家人受不了,就是自己受不了。两个状况都会令人生出负面的情绪,觉得自己不够好,怎么一点小事都会拖延。这也会对家人产生负面的情绪,觉得对方怎么看见也不主动去收拾,反而来说自己的不是。

很多人随手用完没把东西"归位"的后果,就是不常用的东西充斥四周。又由于不在固定的位置,故找起来所花的时间更多。我们发现若东西不在该在的地方,人们会隐隐然产生不适的情绪。这些情绪一般人觉得能够忍受,也不算影响生活,但对于强迫症患者来说则会特别明显,他们必须要将东西归位、摆正、排序,才会觉得安心。

你的物品，是你的内心

由于随手摆放东西的习惯，家中往往有很多不需要的东西。当我们常常看见一些不是经常用到的东西，放在不该放的地方时，往往心里面会出现一种念头，就是"有空便去处理"。而这种感觉会造成心里的"未竟之事"。当未完成的事项越来越多时，人的情绪会越来越差，内心的负担会越来越重，加上有意无意的逃避倾向，可想而知会像滚雪球一样，越滚越大。

混 沌

很多人以为分类存放是一件很平常或基本的事，其实不然。我有位来访者，当他在房里打开衣柜时，除了衣物，还会找到书籍、文具、修理工具、旅行箱及护肤品等等；打开书桌的抽屉，会找到文具、工具、纪念品、定情信物、杯子、卫生棉、即冲饮品、护肤品及化妆品等等；打开厨房的柜子，会找到洗发水、润肤乳液、厕纸、面纸、卫生棉及修理工具等等。物品没有明确的分类，空间也没有明确的界线。

就像吃喝拉睡都在同一个空间内，人当然会极不舒适，混沌不堪。这位来访者看上去精神总是萎靡不振，身体健康亦欠佳。我想就算是没病没痛很健康的人，住进一间什么都找不到、不知道东西放哪里，每个抽屉和柜子都散发出一种混沌感的房子，不变得精神欠佳才怪。在这种环境中住久了，人会感到精神难以集中，身体也会不适起来。

人的意识天生喜欢简单的东西。例如打开一个衣柜，若里面的衣物排列整齐，且按颜色、种类、高低分类放好，会令人感觉很舒服。夏天的时候，会喜欢看见衣柜内放的是夏天的衣物；冬天的时候，会喜欢看见衣柜内都是冬天的衣物。因为若有不适用的东西在柜子中，人自然会有"不舒服"的感觉。

这也是日本整理术风靡全球的原因。因为日本的简约文化，以及一打开柜子那种"一目了然"，会令人产生特别的舒适感，令人觉得很疗愈。

当中很主要的原因，乃因为整理术的分类及收纳方式，大大减轻了视觉及感官系统的负担。例如直立式衣物收纳方式，令每一件衣服都可以被看见，那么就不必动用记忆系统去唤起这抽屉内藏有什么东西的信息，也不会因为找不到想要的衣物而产生负面情绪了。

拥有者

人们对于拥有的东西会有一种特别的喜欢,也会觉得自己拥有的东西较有价值。当有不属于自己的东西出现在家中时,总会有种别扭的感受。

东西是借来的

借来的东西由于内心觉得不属于自己,可能由于种种原因没有归还,因此变成一种"鸡肋",喜欢但不够喜欢,想归还又已过了很久,觉得麻烦,想丢掉又有罪恶感等等。

总之藏着借来的东西的人,总是有种人生无法全权由自己控制的感觉。

东西是偷来的

东西是偷来的话,虽然没有付出,但仍然有种"拥有"的感觉。有些人偷东西并不是因为买不起,而是因为偷的时候那种刺激感,即使偷了东西回来,也并不完全觉得是属于自己的,会觉得有种不安,隐隐然会有种担忧害怕被发现,这跟真金白银买回来那种"完全属于自己"的安全感截然不同。

东西是随手拈来的

例如店铺内赠送的糖果、咖啡店的纸巾、快餐店的番茄酱包或糖包,不是名正言顺的"赠品",却暗示或明示是能取的东西。拿一两颗糖果固然无碍,然而取的分量比需要的多的话,那就是贪。若家中有许多这种多余的、非正式赠送却又免费的东西,这人心中多有一种严重的缺失及空虚感。贪这些无伤大雅的小便宜的人,往往无法好好地把内心填满。

第四章　｜　物品的价值

东西都是别人送的

若家中有很多东西都是别人送的，这人对于内在自我感受，可能会发生扭曲。当一个人对价值的感觉都是由别人付出而得到时，内在的自我价值感其实很低。

我曾听过一位年轻的喇嘛朋友说，他什么都没有。庙里所有的东西都是善信捐赠的，他出外帮助村民祈福收到的钱，也会捐给庙里或用来买东西给小喇嘛。他们自己也有想要的东西，却觉得自己不能也不该拥有任何的东西。我有时候觉得这种生活很苦啊，内心也很苦。

但其实他们也有很珍惜的东西，他跟我说，自己也会买一些漂亮的衣服，也会想要一双踢足球的球鞋，也有很爱的人送给他的东西，以及他送给很爱的人的东西。

另外一位朋友，总是收到很多别人送的礼物。这跟喇嘛收到的捐赠不同,她收到的是别人的讨好和付出,而她总是毫不犹豫也没有感觉地收下,除了名贵的单品,其他的她不是转赠就是丢弃。她刻意让别人对她好,但那些即兴所致的靠近,往往都是寂寞使然。人生有时是很公平的,假如她找到一个她真的能够全心全意去爱的人,也许不会像黑洞般去吸纳别人的好意。

她很有魅力,但性格却充满了缺憾。那种对爱的不屑,恍如她对自己人生的过度执迷。

每个人都有自己内心觉得珍贵与重要的东西,这些是情感的交流,而不是交换。这些是爱的证明,而不是一种试验。人活得有意义,不在乎收到多少的礼物,而是那份别人对自己的真心真意。

礼 物

礼物代表心意,但赠送的对象,却代表着不同的内在世界。

活着的人

我有一位来访者,家中储存了几千件护肤品的样品,虽不知道她是如何取得的,但由于有些已存放了许多年,肯定已过期了,所以大家都建议她丢弃。但她却觉得十分困难,究其原因,她表示那些是送人的"礼物",希望别人收到时,会对她好一点。

若礼物是送给活着的人,那都是对于自己的活着有某种特别的意义。人不会平白无端地对人好，即使表面上毫无关联，但也都有各自的原因。

我有一位来访者平时常常去做义工，会买些食物或日用品去拜访独居老人。她多年来不曾谈过一段恋爱，因此心底深处隐隐觉得，自己将来或许也会是一位独居老人。这种付出，仿佛是对将来的一种恐惧与救援，因为恐惧自己将来也会如此寂寞，渴望"好心有好报"，现在做义工帮忙，将来也会有人愿意帮助自己。

过去的人

人生总是充满着遗憾。你家中存放旧物的箱子里，有没有一些没寄出的信？我年轻的年代，还是用手写信及写心意卡的。那些人，在你心中是感到可惜，还是轻轻的叹息？

那些给予过去的人的礼物或信件，往往都是为了纪念自己的感情而留着的。当时的那个自己,曾经的青春与固执,也许也曾经的羞涩与内向,也许你更怀念的,并不是那一个人,而是那颗年轻而勇敢的心而已。纵然东西因种种原因没有送出去,但那一个自己,回首时会让你微微浅笑。

去世的人

有些遗憾,难免带着痛。对于那些已离开这个世界的人,或许心里对他/她有一些未完的心愿、未能完全表达的情感,便会化成物品,滞留在家中。往往更因为无法或未能完全接受对方已离世,心中对某人的情感,未能释放,难以释怀,才会出现这种"滞留"。若已接受对方已离开这个世界,很多人的情感反而有了一个能释放的出口——因为对过世的人说心底话,比起对活着的人说要容易得多。

给自己的礼物

过去的自己

人生有很多不同的阶段,过去的自己有时很陌生。很多时候,别人会比你自己更多地怀念过去的你,然而也有些时候,随着年龄增长和岁月变迁,你开始怀念过去那个更为美好与单纯的自己。

但更多的时候,也许你懊悔自己的不成熟,在那一段应该好好珍惜的短暂岁月中,让最爱的东西流走;也许你怪责自己,不该做了那样的蠢事;也许你令自己受伤,因为曾捉紧那脆弱的花火;也许你太冷漠,令爱你的人失望与落寞;也许你无法好好处理自己,令自己的人生陷入苦况。

对于过去的自己,我建议大家写一封信,买一份小礼物,送给自己。

"你已经做得很好了。"

"纵然过去的日子并不那么美好,但恭喜你,已跨过了呢。"

"这份小礼物,是给你的认同。"

世上没有人是完美的,用一份小礼物,去鼓励那个不完美的自己。

现在的自己

现在的自己随时在面临挑战,情绪的关口,业力的纠缠,对于现在的自己来说其实并不轻松。多疼爱自己一点,多关心自己的状态一点,不一定是物质上的,有时给自己放一个假期,好好休息与复原,也是一件美事。

将来的自己

能送什么礼物给将来的自己？不会收到的啊！我们对于将来的自己，仿佛有一种不确定感。然而，其实还是可以的。有以下两个方法：

方法一：以二十年后的自己的语气写一封信给现在的自己。

回想二十年前发生过的事，是不是都已经很遥远、很模糊了？那时候哭到天崩地裂的痛、内心一塌糊涂的迷惘、无法释怀的执着、看似难以渡过的难关，都已经那么的淡，甚至不再有任何的想法和感觉了。因为你已经成长了很多。

同样，若以二十年后的自己去看现在的自己，观点和角度也会很不一样。今天觉得很难过的事，当换一个角度，就令人觉得原来也不是那么的难过。

方法二：许愿。

其实许愿，就是给自己将来的礼物。让心愿传达

第四章 | 物品的价值

到天上,诚心祈求将来的自己更美好。写下愿望,为将来的自己送上祝福。

第五章 恰当的位置

记得某次在网上看到一个著名唱跳女团的专访，她们表示在训练期间，公司会不断把她们和不同的练习生组合，不知怎的当她们四个在一起时，就很自然地知道自己的位置、角色和该做什么。

在一家优秀的企业中，知人善任是极重要的事，因为一条鱼不会爬树，一只鸟也不会游泳，想要懂得爬树和游泳的，应该去找青蛙而不是猎鹰。

在家庭系统排列中，位置及角色也是很重要的。父母永远是父母，子女永远是子女，当父母不想当父母、子女不想当子女时，就会出现能量上的阻碍，人生也因此而出现状况。因为他们都不在"恰当的位置"上。

但凡有"功能"的东西,无论是人还是物,都一样有其"角色"和"位置"。例如你不会在卧室上厕所,也不会用筷子来吃牛排,虽然偶尔会有混合或创新的使用方法,但基本上每件物品都仍然有其特定角色和功用。

我们传统文化中的所谓风水,就是空间、能量、人、事、物都在恰当的位置上,担当着恰当的角色。

空间有空间的"角色"和"位置",物品也有物品的"角色"和"位置"。

例如当卧室变成了杂物房,那么这间屋主要的能量就凝聚了杂乱无章的感觉,在潜意识中会影响屋主的情绪及心灵能量。很多人喜欢把冰箱放在客厅,这样其实也将储存食物的地方转移到"招呼客人"的地方。往往变成冰箱内的食物,大部分不是为了"这个家的需要"而存在,而是为了"享乐"、"招呼不是每天都会在的客人"、"在客厅中进行的行为如看电视、电影、打机、听音乐"等的存在。故此这类冰箱放置

第五章 | 恰当的位置

的大多是不太健康的食物或其他东西。

当你把凳子当作桌子用的时候，会否觉得有点委屈？当你用筷子来吃牛排时，会否觉得味道有点不同，甚至没那么好吃？

位置会让人产生一种舒适感，那是经年累月培养出来的无意识习惯。正如有些人在自习室温习会特别精力集中，但我记得自己读书的年代，反而跑到快餐店或茶餐厅，很多人在但又没有人会理会你的那种环境，才能好好学习。

物品也一样，其实每样物品在每个人手上，会有不同的角色和位置。当位置及功能错乱时，人也会出现很多的错乱。记得在手提电话刚出现的那个年代，很多人仍然会佩戴手表，因为那时候的电话仍是电话，手表的角色和功能依然清晰。到后来智能手机出现，改变了人们的生活习惯，连看时间也会依靠手机而不是手表，很多人对时间的感觉出现了紊乱，总会觉得时间变快了，难以守时。因为他们看时间，便要看手机，往往又会看见有新信息而回复，又或习惯到社交媒体上浏览，这些不自觉的小行为，连贯地出现，也会令人对时间的感觉大为改变。

我还记得那段由手表过渡到用手机来看时间的漫长日子，总是跟朋友抱怨"其实真的很不习惯在手机上看时间"，然而又无法自控地堕入这种不自在的循环。到某天，我发觉我的时间感开始失控时，却已经难以从手机看时间的状态下跳出来了。到我去日本学习整理术时，我发觉一个很有趣的现象，就是每一位老师腕上都是有戴手表的。

记得整理收纳的老师说："不只是物品，其实时间也是需要被整理的。"回程时，我于日本机场看到了一只设计很独特的手表，便开开心心地把它买了回来。

从那天开始，我悄悄跟自己说，要好好整理自己的时间啊。

虽然工作还是又忙又累，但我发现，自从我的手腕上多了"时间"这东西之后，我对时间的感觉便不再那么迷失了。

人生中最重要的场所：家

三毛曾说："心若没有栖息的地方，到哪里都是在流浪。"

三毛在撒哈拉沙漠居住多年，因为遇上丈夫荷西，所以才落地生根。然而，荷西过世之后，她还是回到了故乡台湾，回到她家人的身边。因为有家的地方，我们才会觉得安全。

心之所安，就是家之所在。有家的感觉，人就自然能放松下来，因为心不必再漂泊。

每一个人出生，都必定有父有母，而这就是家组成的基本元素。因此所有人都来自于家，因此潜意识对家的渴望强烈得几乎无法扭转。故此，我们需要尊重人性，让自己明白，心之所以能够感到安全，因为有家这个地方。

有一种几乎千篇一律的电影剧情，同样也是人生如此，当一个人渴望自由离家出走之后，饱历风霜、历尽沧桑多年，总是会在某天回到家中。就像是候鸟南飞，但那呼唤却在心底深处，季节一转，便会顺应着这种内在的呼唤，回家了。

一个人受伤时，总是想离开；一个人累了，总是想回家。

家的位置

每个人人生之中最重要的位置,就是家的位置,以及,自己在家中,有没有一个位置。

家的位置,象征着这个人感到安全的栖息之地。当人们感到疲累时,一个能够安心回去、不被打扰,能好好休息与复原的地方,就是家。有些人的家很嘈杂,每天都吵架,甚至连睡也睡不安稳,而隔壁还住着吵闹的邻居,街上是吵闹的、家也是吵闹的。假如一个人回到家都不得安宁或提心吊胆,那就不是一个安稳的家。

家里的狗窝总比空无一物的酒店房间要好,因为家中有属于自己的东西,也不用怕弄坏了别人的东西要赔偿。家中的空间也是属于自己的,即使赤身露体也觉得安全。一个人在别人的家、别人的地方,洗澡或上厕所总是特别快,因为那里不属于自己,所以要把日常的生活习惯都收起来。

家是舒适的,因为那里有着我们的能量,每一件物品的摆放,纵然未必在最好的位置,但由于是经自己的手放置的,熟悉和接受度也会高很多。

一个人在家中的位置

有没有发觉,一个人在家里如果握有较大的权力或比较受尊重,那他对外交往也会总是特别有自信。一个人从小在家中若得不到尊重,也无法表达自己的意愿,长大后遇上难关就会容易退缩,面对争执时,或沉默不语,或过度愤怒,那是由于从小没有学会如何掌控自己的情绪。若小时候没为自己的成就感到满足,那在长大后即使已取得一定的成就,仍然会觉得自己充满缺憾,亦无法拥有足够的自信。

一个健康的家庭,绝大部分都是"各安其位、各司其职",做父亲有父亲的角色,母亲有母亲的角色,子女有子女的角色。那些让人感到辛苦的人生,往往

你的物品，是你的内心

是子女变成父母，父兼母职或母兼父职。因为角色的错乱，令人们"做着不是自己身份该做的事"而感到吃力。就好像同性恋者总是有一种"我天生就是喜欢同性"的无奈，很少同性恋者一开始会为自己的性取向而感到舒适，往往都觉得是上帝开的玩笑，灵魂走进了不恰当的躯体。

而物品也有其所属的位置及角色。杯子是杯子，碟子是碟子。位置和角色代表了一样物品的存在意义。正如父兼母职，当这是需要时固然无可厚非，但当这只是随意时，则是一种无视与蔑视。

无论家居多么的狭小，也应该为每一个人划分出"专属的空间"。这个空间只归一个人使用，任何人进入这个空间，都必须得到拥有者的同意，其他人，即使是父母或长辈，也不能随意拿取、使用或丢弃这个空间内的东西。

这是边界感的养成。有些人为何经常随便拿取别人的东西，顺手牵羊，又或侵犯别人私隐，漠视法律

第五章 恰当的位置

的规范，就是因为欠缺界限的观念。也许从小别人也是随便打开他的信件、拿走他的物品，因此他觉得对别人做相同的事也天经地义，没有内疚感。他觉得任何东西都是共享的，严重的甚至连别人的伴侣也都觉得可以享有。

一个专属的空间，对心灵来说也是极为重要的。当一个人内心感到烦躁并紊乱时，在一个属于自己的空间，才可以自由地"做自己"。安心地去休息、滋养，让想象飞翔，让自己的心和人生得到尊重和喘息。

让自己，好好照顾自己、爱自己。

有些父母从小便不让孩子拥有私隐，孩子长大之后，往往在人际关系、整理收纳、情感抉择等各方面都可能会出现问题。人际关系上因不知界限，不懂人和人之间需要保持恰当的距离，会因对方拒绝自己而受伤；情感的抉择上，因为失去了界限感，可能会容易出轨、一脚踏多船、无法坚守承诺等。

定位的需要

《真正的整理，不是丢东西》一书的作者廖文君指出："人类的天性追求整齐，是来自定位的需要；当每件事情被妥当地定位时，会让人感到安心与明白……定位代表有适合的位置，并有一定的规矩与范围。"

作者列举了几种人类的行为模式，均与定位有关。例如人们猎食时，需要知道动物的位置；即使耕作收成也是一样，工具需要有固定的位置，人们才能使用；人与人之间的关系有适当的定位，才能保持关系的和谐以及有效的沟通；声音及语言也是一种定位，因为语言的发音有固定的模式等。

当一样东西是定下来或静止不动时，就会看得见动的东西。人的行为、思想、感情是动的东西，例如我们常说"心动"，因为之前没有感觉，才出现心动的感觉，才明白情感的化学作用，人生才会有变化，而不是一潭死水。

生活没有意义的人，往往是因为找不到改变人生的那个"动"，人类天生有动的需要，即使再懒惰的人，肚子痛了也要上厕所，都要爬起来。除非变成了植物人，否则吃喝拉撒，都是要动的。

在量子力学界中，有一个由托马斯·杨提出的实验，也是后来产生出多重变化而将物理学和意识、心灵力量联结起来的实验，就是"双狭缝实验"。简单来说，实验者将光子射到墙板上，中间有一块有两条直缝的板子挡着。若光是粒子时，会直接穿过双缝，而后方的黑板会出现两条直纹；若光是波，则会因为波的涟漪（大家想象海水的波浪冲到海滩上，因为一个个涟漪交错推进而令沙滩上出现波纹），穿过双缝后，就会在板上出现多条直纹，像斑马线一样。

最令人惊讶的是，若有人或器材去观察光子时，射到板上的光子则会呈双线状态，若没有人或器材去观察光子的飞动时，射到板上的光子则呈多条直纹，亦即"波"的状态。

心理学家总是说"意识创造实相"，即我们想的是什么，会影响结果。这也是"业"中的因果。

我总是想到那些家中置物混乱、活在混沌之中的人。他们不知道自己想要什么，只是什么都想要；不知道将来会怎样，只是活在"无明"之中。佛家的"无明"，就像那"没人看见的光子"，处于一种没有方向、没有结果、没有人看见及关心的状态。当然，也可以说是一种具有无限可能的状态。

在量子物理学中，我们理解到"看到才成形"、"看见才拥有确定的将来"。混乱是不成形的，是一种"混沌"。人要看得见自己，不只是自己的身体，更包括自己的内心，知道自己想要什么，将来才能确定。当进入新阶段的轨道之中，便需要重新去整理，让新的能量能够进入,那么新的力量才能找到属于自己的位置。

因此,人类追求"定位"与"整齐"的天性,就不只是一种需要那么简单,这甚至超越了"本能",因为当中包含了宇宙的奥秘、意识和潜意识的力量,而人的生命和存在意义也在当中透着味儿。

第六章 好风好水

好的风水，会让人有一种顺风顺水的感觉，那么无论做什么事，都特别顺利、特别顺心。小时候总听见长辈说："最好的风水就是人。"我认识一位年轻有为的朋友，会将一些又残又破的老房子和大厦买下来翻新，重新包装成一些小公寓出租，在香港这个寸金尺土但人们又渴望拥有优质生活的地方，这些简约而带着悠闲格调的套房，在装修得像酒店及高级公寓的大厦中，成了热门的抢手货。

那些人们觉得"风水不好"、残旧破落的房子，就变成了令人欣羡的住宅。

在台湾我也认识一位办民宿的朋友，他把一间老房子租下15年，然后亲自动手重新装修、建设、翻新，结果成为新闻争相报道的民宿。老板当年还是一个纯朴老实的小伙子，但生活和生命，却被他坚毅的个性打破了格局。

我还记得当年这家小民宿刚开业不久，我误打误撞去住了好几天，为的只是能够好好睡觉。因为那几天客人不多，老板跟我聊了很多事情，包括民宿建立的回忆。从他翻新前的照片中看到，哇，以前的房子简直像一间鬼屋，阴森森的，又破又烂。我觉得他决定租下来自己重新建设，真的很勇敢。现在，那个地方已经是一间人人路过都会瞄上一眼的房子了。

所以说，一个人就是最好的风水。懂风水的人都知道，地若没有一个适合的人，有好风水也根本发挥不出来。能够改变命运的人，往往都勇于创新。最重要的是，能够"顺"着自己生命的能量，去发挥所长。

而整理收纳，其实就是帮助一个人"顺"着自身的能量模式，让四周的环境变成一个"顺利"的气场，当一个人在居住的地方感到"顺心顺意"时，人生就自然而然会变得顺利很多。

"顺"的关键

说到"顺",你会想象出怎样的一种生活方式?

1. 想拿的东西很轻易、很快速、很顺手地便能拿到。
2. 整齐、整洁。
3. 环境干净卫生及舒服。
4. 有安全感。
5. 令人感到疗愈及幸福。
6. 空气清新。

很多人对整理收纳的印象是第二及第三点,但那只是"家务助理"的服务范围,其实整理术最精要的重点,是第一点,想拿的东西很轻易、很快速、很顺手地便能拿到。这也是难度最高的一点。因为有了第一至第四点,才会出现第五点:令人感到疗愈及幸福。至于空气清新,则除了卫生环境外,也和外部环境有关。

  我会在下文教大家如何做到第一点,让所有物品能帮助你的人生更顺利。

动线的重要性

每一个人的身高不同、体型不同、健康状况不同、年龄不同,行动的方式、拿取物品的方式均有所不同。这就远远不止于根据生活习惯,而是要由一个人的整体,连同习惯及喜好一起考虑,再决定物品的位置。

最常用物品

简单来说,最常用的物品,就要放在自己最就手的地方。例如杯子,人们总有一个属于自己的、最常用的杯子,你不会把杯子放到抽屉里,口渴时才拿出来喝水的,而是会随手放在桌子上轻易拿到的地方。

每天会使用的东西，一般都不会放在抽屉或柜子里，该放在当眼处、伸手可及之处。这样的物品往往只有一件，而非如杯盘碗筷这些可更替的东西——假如你独居，只有一只杯一双筷一只碗，则可以视为最常用物品。

次要常用物品

较为次要常用的东西，反而是最难处理的。虽然不至于每天都会用几次，但可能每周会用上至少一次，例如文具、运动用品、购物环保袋等等，那么就要放在容易拿到且拿取步骤不多于一步的地方。例如购物环保袋，可放在厨房放杂物的抽屉内，位置是以自己身高伸手便能打开的抽屉。很多人喜欢把塑料袋、环保袋等放在收纳箱内，相信不少人都试过，除了搬家时会拿出来丢掉外，几乎都没有碰过。

至于文具，建议放在书桌下伸手最易触及的一格抽屉。那些每天使用但数量不止一件、可以更替使用的物品，如杯盘碗筷、内衣裤等，均视为次要常用物品。

间歇性使用物品

这类物品一般每月才使用一两次，或一季度才使用一两次。例如特别的厨具、特别的文件、换季衣物、节庆用品（如农历新年的全盒及圣诞节装饰）、电器等等，会放在较次等的地方，而且不会外露。

不常用物品

这类物品都是一些纪念性的、带有回忆和情感而舍不得丢弃的物品。例如定情信物、旧照片、结婚时穿戴过的服饰、祖辈传下来的物品等等。这些可存放在箱子内，放在比较不易拿取的角落。

移动的动线

香港居所普遍狭小,人们往往会把什么东西都放进一两个空间就算了,懒得整理。但其实即使是比较宽敞的居所,也会忽略了人活动及行走的动线。例如很多人会在床上或躺椅上工作,因为笔记本电脑太方便,人们又想要悠闲地工作(又想悠闲,但又想工作专注,根本是很矛盾的),所以便在一个看似能够放松的地方工作。之前也说过这属于空间的错乱,跟人们内心有着不可分割的关系。

床是用来休息的,若想睡得安稳深沉,让床发挥它最大的功效吧。我们的每一个行为和动作,也同样是由经年累月的生活习惯而产生的,在《原子习惯》

一书中曾提及,微小习惯的改变,拥有改变人生的力量,因此若想拥有渴望的生活,家居的动线必须细心设置。

举例来说,你想要每天早上起床做瑜伽和冥想,让身心更健康,那么瑜伽服和瑜伽垫摆放的地方,就一定要在你起床梳洗换衣的动线之内。每晚把第二天清早要穿的瑜伽服放在固定的位置,如你习惯起床就更衣,便放在床边;如你习惯梳洗后才更衣,就放在浴室门口。瑜伽垫则放在早晨梳洗更衣后第一眼看见,且伸手可及的地方。

除非你已养成了天天做瑜伽的习惯,否则我不建议早上要打开衣柜才能拿到要更换的衣物。因为一般人早上起床都有一种慵懒感,想起床要做瑜伽已很费力了,当想到"啊,要打开衣柜取衣服"时,往往接下来的念头便是:"好累啊!不如多睡一会儿吧!"这样一来想做的事情便被打断了,要继续下去就会很难。但若睡前已把衣服拿出来放好(因为人们总是对准备做一件事时都比较有冲劲，到要真的去做时便觉得很费力），便省却了要去想着打开衣柜、拿出衣服、换衣服、做瑜伽这些一连串的步骤。只需告诉自己"一起床，换衣"就够了。新习惯培养的成功率，便会不可思议地大大提高。

有一段时间，我居住的地方比较宽敞，床旁有一个凹进去的位置，于是我便在这地方铺了一张瑜伽垫，每天早上一睁开眼睛便"滚下床"冥想、打坐去。后来搬家时，习惯已养成，也不必再在床边放瑜伽垫了。

物品的流动，心的流动，生命的流动

生命是一条川流不息的河，随着水流而缓缓流入大海。时间，是这一条河流动的证明。没有时间，一切都是静止的。过去的已成过去，将来的只有方向和风向，而现在才是最真实的。在人生不同的阶段，会有不同的人在我们身边陪伴前行，小时候我们依靠父母和长辈；渐渐长大后，朋友变得越来越重要；到步入社会，同事和恋人就是每天的习惯；步入中年，有些人组织了家庭，有些人持续单身，朋友则越来越少；到了老年，若不是自己一个人孤独终老，就是会有不少老友记，而儿孙则回来探望，仿佛又回到了热闹的日子。有些人寂静，有些人热闹，这就是老年人的分别,但仍然独自面对死亡的来临。

不同的人生阶段,会有不同的物品陪伴我们。有些物品终将逝去,正如有些人,必定分离;还有些人,定必重遇。

整理,是整理自己的内在世界

有人认为整理物品可以改变人生,但除非你同时改变自己的内在,否则人生不会有很大的变化。

风水物品和格局,即使有助于改变气场和潜意识的观感,能改变外在环境的影响,甚至能令潜意识也会出现微妙的变化,却无法改变一个人的内在气质与格局。例如一个人本性猥琐小气,对别人十分吝啬,即使外在的风水格局和摆放的物品改变了环境,也改变不了他身上散发出来的气场。一个人若有心伤害别人,这种业会在其生命中种下了根,终究还是要偿还的。唯一能够改变将来命运的方法,就是改变自己的内心、疗愈创伤和转化。

例如有些人被伤害过后变得很敏感，别人说的一句话、一个无心的反应，甚至是讨好却不合心意的行为，都会成为一条条火药引线，令一个人情绪低落或爆发。

人们都害怕受伤，无论是有意或是无心的伤害，都令人只想和对方保持距离。在此等状况下，当那个人遇上问题时，想有人主动伸手帮忙，相信是不容易的。然后，那个人便会觉得人性都是自私的，没有人真正关心自己、没有人真的爱自己，因此"我的自私"是应该的，伤害别人也没有特别大的感觉，反正别人都是这样伤害我的。殊不知只是由于自身对生命视野的局限和狭窄，而限制了自己的人生。

人能改变命运的方式，只有透过心念的注意力。在上述谈及的双狭缝实验中，研究者发现如果不用眼睛或机器观察光子，而改用一班有资深冥想打坐经验的人，用"心眼"去看光子的运行轨迹，会令光子射到板上的"波"变浅，而"粒子"的痕迹会变得较为清晰。

第六章 | 好风好水

当我们能善用心念,就能改变内在发射出来的频率,令将来的影像更为清晰,也就是说,能够得到想要的东西的可能性亦更大。

因为从虚无中变成实物,靠的是"观察",即注意力,当一个人能将注意力转移,就能增强某些业和果报,淡化其他业和果报,也就是善有善报、恶有恶报,也是透过改变自身的振动频率,改变吸引到的东西。

心理治疗是一个很奇妙的职业,人们会告诉你生命之中99%的真实事件和想法,渴望拥有更美好的将来。然而我总是不时会看见,那些在自身命运之中匍匐前行的身影,被业如何拖拉着脚步而无法自由自在地奔跑。即使那些看似自由地向前跑着的人,也不过是业风的带动,像一艘海上顺风而行的船而已。

当我们能看见业的风,才是真正能掌握自身命运的开始。

整理床铺能改变世界

"改变一切的不是重大行动,而是你每天生活中做的、最微小的事情。"[詹姆斯·克利尔(James Clear),《原子习惯》]

所谓见微知著,每个人的起心动念,就像"蝴蝶效应"中蝴蝶那轻轻拍翼的姿态和角度,随时可能在大洋彼岸引发惊人的龙卷风。日常的行为与习惯,就是日后成功与失败的那双翼。

不同的行为模式,导致不同的人生及结果。尼克·科马哈翁(Nick Keomahavong),一位曾是心理治疗师的泰国僧人,曾经讲过一个整理床铺的故事。有三个人,他们早上整理床铺的方式不一样:

第六章 | 好风好水

第一人：他晚上上床睡觉，第二天一早闹钟响了，他按熄后再睡，响了几次才醒来，还是觉得有点昏沉及慵懒，随手拿起手机滑了一下，赖一赖床，然后感到再不起来便可能迟到了，于是起身去洗手间，施施然地梳洗，回到房间，整理一下床铺，出门上班去。

第二人：他晚上上床睡觉，第二天闹钟响起时，便立刻坐起身来。他先整理房间和床铺，然后上洗手间梳洗，便出门上班去。

第三人：他晚上上床睡觉，第二天闹钟响起来时，他慢慢地起床，然后上洗手间刷牙梳洗，他并没有回到房间去整理床铺，便出门上班去。

三种人有三种不同的生活习惯，也因此导致三种不同的人生。每一种的行为，都会导致不同的结果，虽然没有什么好与坏，但一定会产生不同的后果。

第一种人，可能渴望过一种悠然的人生，故此每一件事都是施施然的，觉得多待一下就好，这种人无形中培养了自己拖延的习惯。第二种人遇上问题时，会尽快及实时解决,因此也显得特别有自信。第三种人则觉得反正晚上还会回来睡在床上,因此不整理也没有关系。

这些微小的行为,由起床那一刻开始,心念便不停地重复,无论是功课、工作、待人接物,还是对待人生的态度。第一种人可能会自我感觉良好地表示自己是一个随性的人,喜欢做自己,凡事不用急,慢慢来,但这样反而容易不断被其他事情打扰。比如在应该专注的时候,去上网;应该关心伴侣的时候,和朋友去踢球。虽然在工作上总是赶得及在死线前交出来,但对于关系的危机感却不自觉。但凡关系的破裂,也是由不好的经验累积回来的,一个人离开往往不是叫你赶死线那种姿态,而是沉默地转身,不再回头。

第二种人的思路往往很清晰,每次快速地解决一件事,而且由一个场所转到另一个场所,先是整理好睡房,再去洗手间梳洗。他们每天都在训练自己的大脑要专心专注去完成一件事,遇上问题时会逐一击破,人生变得简单而有效率,头脑也清晰明快。

军人的起床方式就是这一种,曾有一位韩国男孩告诉我,他当兵时是规定要十秒内起床整理好床铺的。面对战争时,所有决定和行动争分夺秒,稍一犹疑便会战死沙场或受重伤,因此军人的训练,所有行动都要求干净利落。

至于第三种人,觉得不整理也没关系,反正会回来的,床不过用来睡罢了。对自己没有要求,对人生没有要求,日子过得可能随意和随便,但他往往并不真的知道自己想要什么。营营役役,对很多事情都不在乎,也许连所爱的人要离开也仿佛毫不在乎,没有感觉、麻木地过日子。

上面三种人,你是哪一种呢?又想成为哪一种呢?

参考资料

一、中文参考资料

廖文君:《真正的整理,不是丢东西》,台北:方智出版社,2019。

〔日〕近藤麻理惠:《怦然心动的人生整理魔法》,陈光棻译,台北:方智出版社,2011。

〔日〕山下英子:《断舍离》,羊恩媺译,台北:平安文化有限公司,2011。

〔日〕山下英子:《自在力:断舍离人生改造篇》,王蕴洁译,台北:平安文化有限公司,2014。

〔韩〕禹钟荣:《树木教我的人生课》,卢鸿金译,台北:橡树林文化出版社,2021。

〔美〕詹姆斯·克利尔(James Clear):《原子习惯:细微改变带来巨大成就的实证法则》,蔡世伟译,台北:方智出版社,2019。

〔美〕森迪尔·穆兰纳珊(Sendhil Mullainathan):《匮乏经济学》,谢树宽译,台北:远流出版公司,2020。

〔美〕丹尼尔·康纳曼(Daniel Kahneman):《快思慢想》,洪兰译,台北:天下文化出版社,2012。

二、英文参考资料

Frost, R. O. & Steketee, G. (2010). *Stuff: Compulsive Hoarding and the Meaning of Things*. Houghton Mifflin Harcourt.

Lang M, Krátký J, Shaver JH, Jerotijević D, Xygalatas D. "Effects of Anxiety on Spontaneous Ritualized Behavior". *Current Biology*, 2015 Jul 20; 25(14): 1892-7. doi:10.1016/j.cub.2015.05.049. PMID: 26096971.

McMains, S., Kastner, S., "Interactions of Top-Down and Bottom-Up Mechanisms in Human Visual Cortex". *The Journal of Neuroscience*, 2011 Jan 12; 31(2): 587-97. doi:10.1523/JNEUROSCI.3766-10.2011. PMID: 21228167.

Saxbe DE, Repetti R. "No Place Like Home: Home Tours Correlate With Daily Patterns of Mood and Cortisol". *Personality And Social Psychology Bulletin*, 2010 Jan; 36(1): 71-81. doi:10.1177/0146167209352864. PMID: 19934011.

Wilson, S. A., Becker, L. A., & Tinker, R. H. (1995). "Eye Movement Desensitization and Reprocessing (EMDR) Treatment for Psychologically Traumatized Individuals". *Journal of Consulting and Clinical Psychology*, 63(6), 928–937. https://doi.org/10.1037/0022-006X.63.6.928.

Wilson, S. A., Becker, L. A., & Tinker, R. H. (1997). "Fifteen-Month Follow-Up of Eye Movement Desensitization and Reprocessing (EMDR) Treatment for Posttraumatic Stress Disorder and Psychological Trauma". *Journal of Consulting and Clinical Psychology*, 65(6), 1047–1056. https://doi.org/10.1037/0022-006X.65.6.1047.

图书在版编目（CIP）数据

你的物品，是你的内心：一位心理治疗师的手记/安静著. —北京：商务印书馆，2024. — ISBN 978 – 7 – 100 – 24216 – 5

Ⅰ. B84-49

中国国家版本馆CIP数据核字第2024MS4464号

权利保留，侵权必究。

你 的 物 品，是 你 的 内 心
———一位心理治疗师的手记

安　静　著

商 务 印 书 馆 出 版
（北京王府井大街36号　邮政编码 100710）
商 务 印 书 馆 发 行
山西人民印刷有限责任公司印刷
ISBN　978 – 7 – 100 – 24216 – 5

2025年3月第1版	开本 889×1194　1/32
2025年3月第1次印刷	印张 6

定价：58.00元